U0265257

黄土丘陵区植被与土壤水分

王志强　刘宝元　刘瑛娜　著

科学出版社

北京

内 容 简 介

本书主要介绍了黄土丘陵区及其毗邻的内蒙古高原东部地区不同生物气候带的植被和土壤水分调查结果，系统地阐述了不同地形条件下天然植被的生长情况、土壤含水量及植被恢复潜力。主要内容包括黄土丘陵荒漠草原区、典型草原区、森林草原区和内蒙古高原东部地区天然植被的植被高度、植被盖度和地上生物量与地貌部位、坡向、坡度等立地条件的关系；各生物气候带不同植被类型土壤水分含量对比；天然植被与人工植被土壤容重和有机质含量对比；不同生物气候带植被恢复潜力。

本书可供水土保持、地理、水利规划相关领域的高校师生和科研人员参考阅读。

审图号：GS 京（2024）2202 号

图书在版编目（CIP）数据

黄土丘陵区植被与土壤水分／王志强，刘宝元，刘瑛娜著 . -- 北京：科学出版社，2024. 10
ISBN 978-7-03-069719-6

Ⅰ. ①黄… Ⅱ. ①王… ②刘… ③刘… Ⅲ. 黄土高原–丘陵地–植被
②黄土高原–丘陵地–土壤水 Ⅳ. ①S152.4

中国版本图书馆 CIP 数据核字（2021）第 184623 号

责任编辑：王　倩／责任校对：樊雅琼
责任印制：徐晓晨／封面设计：无极书装

科学出版社 出版
北京东黄城根北街 16 号
邮政编码：100717
http://www.sciencep.com

北京九州迅驰传媒文化有限公司印刷
科学出版社发行　各地新华书店经销
*
2024 年 10 月第　一　版　开本：720×1000　1/16
2024 年 10 月第一次印刷　印张：9
字数：200 000

定价：158. 00 元
（如有印装质量问题，我社负责调换）

前　言

　　植被建设是防治黄土高原土壤侵蚀的根本所在。20 世纪 50 年代以来，黄土高原地区的植树造林工作一直没有间断过，但有的地方造林效果不好，人工树木成活率低，出现"小老头树"现象，水土流失依然严重。为此，广大科技工作者前赴后继地从各个层面研究黄土高原植被恢复问题。20 世纪 80 年代科技工作者发现黄土高原人工植被"土壤干层"以后，人们关于黄土高原植被建设的思路发生了很大变化。因地制宜，退耕还林还草、封育等生态修复措施受到了重视。21 世纪初大规模实施的退耕还林还草和封育措施，使黄土高原的植被获得了快速、广泛的恢复，黄土丘陵区水土流失的面积大幅减少，土壤侵蚀强度显著下降。

　　2000～2003 年，在国家重点基础研究发展规划项目"草地与农牧交错带生态系统重建机理及优化生态–生产范式"的资助下，作者对黄土丘陵区及其毗邻的内蒙古高原东部地区的植被与土壤水分进行了大范围的面上调查。总计调查了26 个县（市、区、旗），其中黄土丘陵区 18 县（区），内蒙古高原东部地区 8 县（市、旗）。尽管这些调查资料已有 20 多年的历史，但其出版在多个方面仍具一定价值。首先，这些调查资料揭示了研究区不同生物气候带、不同地形条件下的土壤–植被–水分的相互关系，为生态保护、资源管理和政策制定提供了科学依据；其次，为相关地区的生态和环境科学的历史资料积累提供了有益支持，并为后续研究奠定了连续的数据基础。虽然本书涉及野外调查的区域也涉及了内蒙古高原东部的部分县（市、旗），但调查的主体部分，尤其是土壤水分调查全在黄土丘陵地区进行，所以本书名称包含的区域仍以"黄土丘陵区"命名。

　　本书的出版得到了国家重点研发计划项目"黄土丘陵沟壑区沟道及坡面治理工程的生态安全保障技术与示范"课题四"黄土丘陵沟壑区坡体–植被系统稳定性及生态灾害阻控技术"的支持。由于作者水平有限，书中疏漏之处在所难免，敬请读者批评指正。

作　者

2024 年 5 月

目　　录

第1章 | 绪 论

1.1 黄土丘陵区自然地理概况

关于黄土丘陵区自然地理的研究成果很多，本节仅简要叙述与本书内容关系较为密切的自然地理概况，主要是为了展示本研究涉及区域的自然地理背景，保持本研究内容的连贯性和结构的完整性。

1.1.1 黄土丘陵区范围和面积

黄土丘陵是黄土高原地区和黄土高原的主要组成部分。黄土高原地区泛指太行山以西、日月山—贺兰山以东、阴山以南、秦岭以北的广大地区，面积为62.38万km^2（中国科学院黄土高原综合科学考察队，1991），其中有黄土覆盖的面积为27.56万km^2（刘东生，1964）。对于黄土高原范围和面积，有多种说法。杨勤业等（1988）划分的黄土高原范围为：南界为秦岭北坡、崤山南坡，东界为太行山西坡，北界为长城和罗山北坡，西界为拉脊山东侧，面积约为37万km^2。陈永宗等（1988）划分的黄土高原范围东起太行山西坡，西至乌鞘岭和日月山东坡，南达秦岭北坡，北至长城，面积约为38万km^2。这两种黄土高原的划分范围区分主要是前者不包括湟水谷地，其他大同小异。黄土高原43万km^{2}的划分范围西起太行山东麓，西至乌鞘岭和日月山以东，北起长城，南至秦岭、伏牛山（姜达权，1980）。关于黄土高原范围还有一种划分方法，所得面积为30万km^2，其范围为吕梁山以西，长城以南，乌鞘岭和日月山以东，秦岭以北部分（中国科学院《中国自然地理》委员会，1980）。

黄土丘陵集中分布于吕梁山以西、长城以南、拉脊山以东，南界宝鸡以西为秦岭北坡，以东为渭河阶地，总面积约为25万km^2。该范围内，地貌以黄土丘陵为主，其次为黄土高塬沟壑区，也有少量诸如六盘山等石质山地分布。黄秉维（1953）定义黄土丘陵是这样的地形：在谷地沟壑之间的河间地全部或几乎全部都是凸形斜坡。可按其形态分为两种：一种顶部大致相连，在平面图上作狭长形

| 1 |

状（有时顶部还有面积很小的狭长平坦地面）。西北群众所称的"墚"多指此种地形，称为脉状丘陵。另一种顶部不相连，在平面图上近似圆形，或长度与宽度略相等，称为个体丘陵。显然，当时黄土丘陵地貌类型与我们现在的概念十分接近，实质上就是黄土墚峁地形。黄秉维（1958）还认为，黄土个体丘陵首先由黄土塬经侵蚀变为黄土脉状丘陵，再成为个体丘陵。但同时指出，由黄土塬变为个体丘陵只是一般趋势，不是必经阶段。后来他又根据黄河中游黄土高原土壤的侵蚀形态、侵蚀程度、侵蚀因素，将黄河中游划分为9个土壤侵蚀类型区，即黄土丘陵沟壑区、黄土高塬沟壑区、黄土阶地区、冲积平原区、高地草原区、干燥草原区、石质山地区、风沙区和黄土丘陵林区。黄土丘陵沟壑区又分为5个副区，共计13个类型区（图1-1）。文献中没有给出各个类型的面积，本书将原图数字化并进行空间配准，利用ArcGIS量算各个类型的面积，见表1-1。图1-1显示的是黄河中游黄土高原各地貌类型区的范围，该范围内，黄土丘陵沟壑区总面积约为25万km^2。

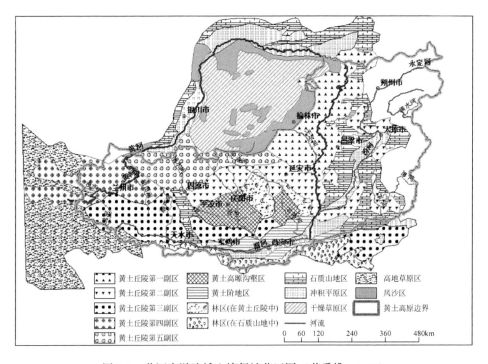

图1-1 黄河中游流域土壤侵蚀分区图（黄秉维，1958）

表 1-1　黄河中游流域土壤侵蚀分区面积统计

地貌分区	面积/km²
黄土丘陵第一副区	55 804.8
黄土丘陵第二副区	53 644.7
黄土丘陵第三副区	63 519.4
黄土丘陵第四副区	42 974.2
黄土丘陵第五副区	37 216.2
黄土高塬沟壑区	23 028.3
黄土阶地区	18 290.8
林区（在黄土丘陵中）	14 413.5
林区（在石质山地中）	22 165.8
石质山地区	75 980.9
冲积平原区	61 127.7
高地草原区	82 731.2
干燥草原区	72 626.5
风沙区	33 393.8
合计	656 917.8

注：本表数据由图 1-1 数字化并与遥感影像配准后计算所得。

1.1.2　黄土丘陵区地貌特征

　　黄秉维（1958）对黄河中游地区黄土高原地貌的分类分区是基于土壤侵蚀特征的划分，当时资料积累也不够全面。后期又有很多学者在此基础上，对黄土高原的地貌进行了分类和区划。中国地质科学院水文地质工程地质研究所（1985）将东起太行山西侧，西迄祁连山东段，北起毛乌素沙地，南至秦岭山脉约 40 万 km² 的黄土高原地貌按成因分为侵蚀构造类型、剥蚀构造类型、剥蚀堆积类型、侵蚀冲积类型、堆积构造类型和风成堆积类型六大类，在此基础上，分为 26 种地貌组合类型和 63 个形态组合类型。其中，侵蚀、剥蚀构造类型主要针对基岩山地、残丘划分。剥蚀冲积类型主要针对河谷平原、阶地、冲洪积扇和台塬划分，相当于黄秉维划分的黄土阶地和冲积平原。堆积构造类型针对断陷盆地和山间盆地划分。剥蚀堆积类型相当于黄秉维划分的黄土丘陵区和黄土高塬沟壑区，是黄土高原分布面积最大的成因类型，分为高梁沟谷、残梁沟谷、长梁沟谷、狭墚沟谷、宽墚沟谷、平墚沟谷、缓墚沟谷、缓峁沟谷、宽峁沟谷、低峁沟谷、残塬沟谷、宽塬沟谷、侵蚀坡地、低丘缓谷等多个地貌组合类型。在此基础上，将前13个地貌组合类型又依据沟谷的深浅和宽窄，细分为55个形态组合类型。中国地质科学院水文地质工程地质研究所（1985）对沟、谷、平、缓、狭、宽、高、低、深、浅分别给出了具体的定义：沟在相对很短的地质时期内侵蚀而成，而谷则在较长历史时期侵蚀堆积而成，相对沟较缓，阶地发育；平指倾斜坡度小于5°，缓倾斜坡度为10°～15°；小于100m为狭，大于100m为宽；高是指海拔大于2000m的地形面，低指相对高差小于100m的地形面；深指边坡高差大于50m的地形，浅则指边坡较缓且高差小于50m的地形。同时进行了地貌区划，将黄土高原划分为六盘山以西地区（Ⅰ）、六盘山与子午岭之间的地区（陇东地区）（Ⅱ）和子午岭与吕梁山之间的地区（Ⅲ）3个大区。六盘山以西地区以葫芦河和祖厉河分水岭为界划为南北两个亚区，北部亚区（Ⅰ₁）和南部亚区（Ⅰ₂），它们的最大区别是北部亚区黄土深厚，河流阶地非常发育，残留缓倾黄土塬分布；南部亚区则以古近纪–新近纪和早更新世黄土状构成的宽谷斜墚为主。六盘山与子午岭之间的地区以环江上游分水岭向西经同心县石塘岭至南华山一线和渭河谷地以北台塬北界为界，划分为3个亚区：最北的Ⅱ₁区主要为海拔较高的残塬、平墚和切割较浅的沟谷，中间的Ⅱ₂主要由泾河中上游残塬及深切的沟谷组成，最南的Ⅱ₃主要为渭河河谷西端及其以北的台塬。子午岭与吕梁山之间的地区由北向南分为4个亚区：最北端的Ⅲ₁亚区与Ⅲ₂亚区以白于山为界，Ⅲ₂亚区与Ⅲ₃亚区以延安以南漱沿山为界，Ⅲ₃亚区与Ⅲ₄亚区以北山为界。北端Ⅲ₁亚区海拔可达1800m，以残塬沟谷为主，Ⅲ₂亚区以墚、峁沟谷为主，Ⅲ₃亚区以塬和沟谷为主，Ⅲ₄亚区以渭河断陷平原及其北部台塬为主。

随着人们对黄土高原地貌形态及其发育过程认识的不断深入，对黄土高原地貌分类也越来越细。中国科学院黄土高原综合科学考察队将黄土地貌发育概括为3个基本模式：①黄土塬和台地→黄土平墚（墚塬）→残塬墚峁→墚峁丘陵；②波状起伏平原→黄土台状丘陵→黄土平墚丘陵→墚峁丘陵；③黄土墚峁宽谷→墚峁宽谷沟壑→墚峁丘陵→蚀余丘陵。将黄土地貌现状分为4个一级类，10个二级类。其中黄土丘陵又分为18个三级类型（表1-2）。

表1-2　黄土高原地貌类型

一级类型	二级类型	三级类型	典型分布区
黄土山地	墚状中山		白于山、华家岭等
	墚峁状中山		

续表

一级类型	二级类型	三级类型	典型分布区
黄土丘陵	丘陵宽谷	缓坡丘陵宽谷	晋西北神池县、五寨县、左云县、右玉县等
		墚峁丘陵宽谷	
		墚状丘陵宽谷	
		峁状丘陵宽谷	
		残塬墚峁宽谷	
	丘陵宽谷沟壑	塬墚宽谷沟壑	靖边县、定边县、西吉县、海原县、兰州市以北等
		塬状丘陵宽谷沟壑	
		峁状丘陵宽谷沟壑	
		残塬墚峁宽谷沟壑	
	丘陵沟壑	台状丘陵沟壑	横山区、榆林市、神木市、府谷县
		平墚丘陵沟壑	
		斜墚丘陵沟壑	吴起县、志丹县
		长坡墚峁沟壑	天水市、静宁县、通渭县、定西市
		长坡墚状丘陵沟壑	
		墚峁丘陵沟壑	晋西、陕北、陇东
		峁状丘陵沟壑	绥德县、米脂县、子洲县
		残塬墚峁丘陵沟壑	延长县、延川县、隰县等
		蚀余丘陵沟壑	陇中、晋陕黄河及其一级支流下游两侧
黄土高塬沟壑	高塬沟壑		洛川县、长武县等
	台塬沟壑		
	墚塬沟壑		
黄土平原	波状高平原		鄂尔多斯东南部
	山间黄土平原		长治盆地、沁潞盆地等

注：据杨勤业和袁宝印，1991。

中国科学院黄土高原综合科学考察队在黄土地貌分类的基础上进行了地貌分区，与中国地质科学院水文地质工程地质研究所划分相似，也以六盘山、子午岭和吕梁山为界划分为3个大区，每个大区又分为若干个地貌区，但中国科学院黄土高原综合科学考察队所划分的地貌区比中国地质科学院水文地质工程地质研究所更为详细（表1-3）。

表1-3 黄土高原地貌分区（杨勤业和袁宝印，1991）

地貌地区	地貌区	典型分布区
六盘山以西地区	黄土丘陵宽谷区	兰州市以北、西吉县、静宁县
	红土丘陵与土石丘陵区	黄河以南，洮河以西，西秦岭山前
	黄土塬与黄土墚塬区	会宁县以北祖厉河流域
	黄土墚状丘陵沟壑区	黄河以南，洮河以东，六盘山以西
六盘山以东，子午岭以西地区	黄土台塬区	渭河北山以南
	黄土塬区	渭河北山以北华池县、庆阳市、泾川县一线以南
	黄土墚塬区	华池县、庆阳市、泾川县一线以北环江两侧
	丘陵宽谷沟壑区	海原县、固原市原州区及环县甜水镇以北
子午岭以东，吕梁山以西地区	黄土台塬区	渭河北山以南
	黄土塬区	渭河北山以北，宜川县、延安市一线以南
	黄土丘陵沟壑区	宜川县、延安市一线以北
	残塬丘陵宽谷沟壑区	白于山两侧
	黄土墚塬区	宜川县、延长县、延川县以东，延安市以北，清涧县以南

1.1.3 生物气候特点

黄土丘陵区地域广阔，由东南向西北生物气候条件变化较大，跨越了暖温性森林、暖温性森林草原、暖温性典型草原、暖温性荒漠草原、暖温性草原化荒漠5个生物气候带（表1-4）（王义凤等，1991）。其中，暖温性森林地带位于黄土高原东南部，包括甘肃关山、陕西陇县、彬州市、宜君县、黄龙县以南的渭河下游地区，山西沁河流域以及豫西的洛河流域。植被以落叶阔叶林为代表。针叶林以温性油松、侧柏为代表。草本以羊胡子草、一枝黄花、中华隐子草、黄背草、大油芒、白羊草等组成的草甸草原为主。该区土壤以褐土为主。

表1-4 黄土高原地区植被带环境指标（王义凤等，1991）

生物气候带	降水量/mm	年均气温/℃	彭曼干燥度	干湿分区	土壤
暖温性森林	550～650	12～13	1.3～1.5	半湿润	褐土
暖温性森林草原	450～550	9～10	1.4～1.8	半湿润-半干旱	黑垆土

续表

生物气候带	降水量/mm	年均气温/℃	彭曼干燥度	干湿分区	土壤
暖温性典型草原	300~450	8~9	1.8~2.2	半干旱	轻黑垆土、淡栗钙土
暖温性荒漠草原	200~300	8~9	2.4~3.5	干旱-半干旱	灰钙土、棕钙土
暖温性草原化荒漠	<200	9~10	>4.0	干旱	漠钙土

暖温性森林草原带位于森林带西北，北部界限西起渭河上游分水岭华家岭，经宁夏固原市，甘肃华池县，陕西志丹县、子长市、绥德县，山西临县、兴县、岢岚县、神池县、宁武县，至五台山北麓。该区属于半湿润-半干旱气候，地带性土壤以黑垆土为主。植被处于森林与典型草原过渡地带，天然森林植被主要分布于地势较高处或阴坡，乔木树种以油松、辽东栎、白桦、山杨、侧柏为代表，小乔木以榆树、臭椿、杜梨等为主。灌木以中旱生、旱生的白刺花、扁核木、红柳、枸杞、酸枣等为主。晋陕局部沟谷阴坡也广泛分布丁香、绣线菊、沙棘、黄刺玫等，尤其陕西境内黄刺玫大量分布。本区草原面积广大，以白羊草草原、长芒草-白羊草-兴安胡枝子草原、白叶蒿-长芒草草原、长芒草-兴安胡枝子等为主。沟谷阴坡则常见以赖草、披碱草、鹅观草、早熟禾、鹅绒委陵菜等为优势种的草甸草原。暖温性森林草原带人工植被除粮食作物和果树外，乔木树种主要有各种青甘杨、旱柳、榆树、刺槐、侧柏、油松、臭椿等，人工种植灌木主要有沙棘、柠条锦鸡儿等。

暖温性典型草原地带北界大致与300mm等值线一致，西起兰州市西南，向东经靖远县南部，宁夏海原县、同心县和盐池县南部，再经陕西定边县、内蒙古鄂尔多斯市东南部，秃尾河、窟野河、孤山川、黄甫川上游，过黄河包括桑干河上游地区。本区植被以长芒草草原为主，其次为白叶蒿草原。白莲蒿在阴坡部位也有分布。小半灌木百里香、冷蒿、星毛委陵菜与针茅类组成的草地分布广泛。暖温性典型草原地带天然乔木很少，个别条件适宜的地方可见散生侧柏、杜松疏林。人工栽培树种有旱柳、小叶杨、榆树、沙枣等。天然灌木主要有柠条锦鸡儿和小叶锦鸡儿、枸杞等。但这些灌木很难形成致密的群落。

暖温性荒漠草原和暖温性草原化荒漠在黄土高原地区也有较大面积的分布，但在黄土丘陵区很少，只在黄土丘陵区西北部的盐池县、同心县、海原县、会宁县、靖远县、皋兰县和兰州市附近分布荒漠草原。植被以各种类型的短花针茅为代表，零星可见灌木亚菊、米蒿、无芒隐子草、中亚紫菀木等伴生植物，个别地方还有红砂等荒漠成分。

1.1.4 土壤

根据 1:100 万数字化中国土壤图,黄土高原地区涉及的土壤类型有 27 种(土类)(图 1-2),地带性土壤以黑垆土、褐土、灰钙土为主。但由于侵蚀,自然土壤腐殖质层消失殆尽,大量土壤退化为以黄土为母质的黄绵土,面积约达 17.3 万 km² (表 1-5),占黄土高原地区土壤总面积的 41.9%,而黑垆土面积约为 1.9 万 km²,只占所有土壤类型面积的 4.6%。除黄绵土外,其他类型土壤面积占比相对较大的土壤类型有褐土、栗褐土、褐土性土、灰钙土、粗骨土、新积土、埁土、棕壤、栗钙土、石质土、灰褐土、风沙土、红黏土,面积分别占所有土壤类型面积的 8.7%、6.0%、5.7%、4.8%、4.6%、4.6%、3.5%、3.1%、2.9%、1.8%、1.8%、1.7%、1.2%、1.0%。其他类型的土壤面积比例都小于 0.5%。

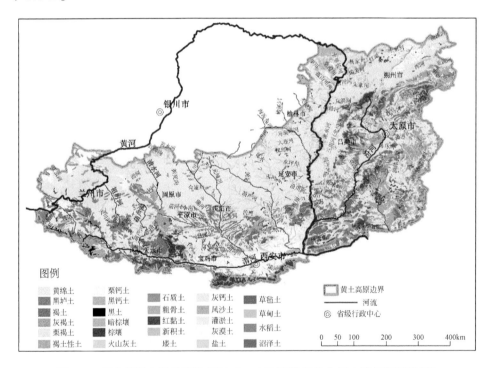

图 1-2 黄土高原土壤类型分布图(1:100 万数字化中国土壤矢量图绘制)

从空间分布看,黄绵土主要分布在广大黄土丘陵区,其间的河流阶地分布树枝状的新积土。黑垆土集中分布于黄土高塬沟壑区。褐土和褐土性土主要分布在东南部，栗褐土主要分布在晋西地区，灰褐土主要分布在六盘山两侧及其他地势较高的较为冷凉地区。

表 1-5　黄土高原土壤类型面积　　　　（单位：km^2）

土壤类型	面积	土壤类型	面积
黄绵土	173117.0	新积土	19033.8
褐土	35787.1	风沙土	5085.6
褐土性土	23558.3	火山灰土	6.4
栗褐土	24973.0	石质土	7367.9
灰褐土	6927.4	粗骨土	19043.5
塿土	12890.5	草甸土	1143.2
黑垆土	18956.5	沼泽土	31.3
黑土	703.7	盐土	576.6
黑钙土	1105.8	水稻土	282.4
栗钙土	7446.0	灌淤土	1045.3
灰钙土	19629.8	草毡土	645.0
灰漠土	1673.6	棕壤	11833.3
红黏土	4043.0	暗棕壤	523.1

本区的塿土本来也属于褐土或河流冲积土，但由于长期人工施厩肥熟化而有别于典型褐土，主要分布在关中平原和渭河河流阶地，面积约为 1.3 万 km^2。灰钙土主要分布在本区西北部，少量棕壤、暗棕壤分布于山地垂直带。

1.2　黄土丘陵区植被与土壤水分研究进展

1.2.1　植被研究进展

1. 植被类型空间分布研究

黄土丘陵地区大部分属于中国北方农牧交错带，年平均降水量为 250 ~ 500mm，气候多变，降水极不稳定，降水变率一般为 25% ~ 50%。在自然景观上，自东南向西北由森林草原、灌木草原向荒漠草原过渡，人文景观上表现为农区向牧区过渡。黄土丘陵沟壑区是自然环境脆弱地带（牛文元，1989），也是对全球变化反应敏感的生态系统过渡带。长期以来，人类对土地的不适当利用使该地区天然植被遭到毁灭性的破坏，土地沙化和水土流失现象严重。土壤侵蚀直接导致土地退化，不仅使当地的生态、经济走向恶性循环的怪圈，也影响着周边地区生态与经济的可持续发展。

人们很早就认识到植被对于控制水土流失的作用。中华人民共和国成立后到2000年以前，我国在治理水土流失上虽然进行了很多努力（如在干旱半干旱地区进行人工林植被建设），但总体效果并不理想。主要原因之一是没有很好地利用植被的自然演替规律和植被地带性原理，人为硬性植树造林，生长差，在持续干旱时期人工林不但会干枯死亡（王志强等，2002），而且会造成土壤水分的干燥化（李玉山，1983；王志强等，2009），进一步增加了后续植被生存的难度。因此，研究既能保护水土资源，又能保持生态可持续发展的覆被问题，对于黄土丘陵沟壑区生态环境的恢复具有重要意义。

近年来，黄土丘陵沟壑区的大部分地区实行退耕还林还草，但退耕后还什么样的林草植被，还是一个没有完全得到解决的问题。天然植被是与气候相互适应、长期演化的产物，理论上在生态上应该是可持续的，但目前天然植被已遭破坏，天然植被能否被恢复，恢复的程度能否起到保护水土的作用，关于这些问题，目前实证研究较为有限。

植被空间分布特征的研究成果是野外调查布点的重要依据之一，也是研究植被自然恢复潜力边界的依据。黄土丘陵沟壑区及其毗邻地区的植被主要有森林草原、典型草原和荒漠化草原三大类型。在地域分布上，内蒙古和河北坝上部分地区以大针茅、西北针茅中温型典型草原和狼针草、羊草草甸草原为主，黄土高原地区则以暖温型长芒草草原和森林草原带的蒿类草原和白羊草草原为主，西北部分地区分布有短花针茅荒漠化草原（中国植被编辑委员会，1995）。早在20世纪30年代初，我国学者刘慎谔就对内蒙古自治区、宁夏回族自治区、甘肃省、新疆维吾尔自治区和西藏自治区的植被进行考察，发表了《中国北部及西部植物地理概论》，提出了将我国北部和西部划分为东北、华北、内蒙古、新疆和西藏五大植物地理区的方案。1953～1955年，中国科学院黄河中游水土保持综合考察队考察了山西省、陕西省、甘肃省东部、宁夏回族自治区、内蒙古自治区南部等黄河中游地区，将黄河中游植被分为森林草原地区、草原地区和荒漠草原地区。这个分区中，森林草原区的南界为秦岭北坡，北界大致从甘肃省的和政县、向东北经渭源县、武山县、秦安县、泾川县、庆阳市、志丹县城北、延安市北、绥德县、向北抵晋西北的神池县，森林草原带的降水量为400～800mm；草原地区东南部以森林草原地区的北线为界，北部由清水河县经神木市北、榆林市、横山区、定边县、固原市，绕华家岭北坡，经马衔山、兴隆山之南而抵临夏回族自治州，草原区的降水量为 300～400mm；荒漠草原地区由华家岭北坡到中卫市以西的黄河两岸，降水量为 200～300mm（中国科学院黄河中游水土保持综合考察队，1958）。这个分区，除森林草原区的南界太靠南外，其余界线与现在的界线基本接近。此后，许多学者对黄土高原地区的植被分区问题进行了研究。邹厚远（2000）认为森林草原的东南界线自偏关县，经五寨县、岢岚县、方山县、石楼县、延长县、延安市、合水县、宁县、华亭市、秦安县、甘谷县，至渭源县；森林草原区与干草原区的界线为神木市、榆林市、横山区、靖边县、环县、固原市、定西市南一线。森林草原区和干草原区的界线在陕北与白于山一线吻合。邹厚远（2000）所划分的陕北黄土高原森林草原与森林带的界线与 1980 年出版的《中国植被》一书描述的界线一致。在中国植被编辑委员会建立的植被区划系统中，中国北方农牧交错带的绝大部分地区处于温带草原区域的东部草原亚区域。其中，农牧交错带内蒙古地区的西辽河至大兴安岭山前丘陵平原部分属于松辽平原坨甸地典型草原区，部分属于内蒙古高原典型草原区，但二者植被优势种或建群种主要还是大针茅、狼针草、羊草、线叶菊、糙隐子草、多叶隐子草等，只是松辽平原典型草原区拥有一些温带亚洲或华北、东北的区系成分。农牧交错带的黄土高原的大部分地区，晋北、晋西北和冀北山地的北侧及其以北的黄土丘陵地区，属于温带南部草原亚地带的黄土高原中部草原区。这个划分，把黄土高原东南部的森林草原包括在内。白于山以南森林草原区的草原植被以白莲蒿、白叶蒿、白羊草群落为主，灌木有酸枣、荆条、虎榛子、杠柳、中国沙棘、文冠果等。乔木树种有辽东栎、油松、侧柏、杜梨等。白于山以北、宁南地区典型草原区的植被以长芒草群落、百里香群落为主。农牧交错带西北部的定西市、会宁县以北的地区属于温带南部亚地带的黄土高原西部荒漠草原区，植被以短花针茅群落和红砂灌木草原为主。

2. 天然草地植被盖度和生物量[①]的研究

基于畜牧业的发展和科学研究的需要，我国许多政府机构和科研单位对天然草地植被盖度和生物量进行了大量的调查和动态监测工作，可以说是不胜枚举。邢旗和刘东升（1993）用七年时间对内蒙古自治区主要的草原类型，即草甸草原、典型草原、荒漠草原的生物量进行了研究。草甸草原生物量 7 月中旬已达峰值的 85%～90%。峰值期的生物量，狼针草草原在七年变化范围为 160.5～243.7g/m²，七年平均值为 205.1g/m²，羊草草原生物量在 218.4～332.9g/m²，七年平均值为 248.7g/m²，

---

① 本书生物量均指植被地上生物量。

线叶菊草原生物量七年变化范围在 182.1 ~ 280.5g/m²，平均值为 217.3g/m²；内蒙古典型草原生物量峰值在 8 月中旬至 9 月中旬，生物量在年内各个时期的积累速度相对较平稳，峰期后生物量下降较平缓，枯草期保存率较高。大针茅草原 8 月下旬达到峰值，峰值期生物量七年变化范围为 100.7 ~ 172.1g/m²，平均值为 141.9g/m²；羊草草原 8 月中旬达到峰值，峰值期生物量在 102.7 ~ 224.7g/m²，平均值为 161.8g/m²；西北针茅草原 9 月上旬达到峰值，峰值期生物量在 76.1 ~ 147.0g/m²，平均值为 105.7g/m²；内蒙古西南部长芒草草原 8 月达到峰值，生物量七年变化介于 30.5 ~ 67.8g/m²，平均值为 39.9g/m²。荒漠草原区短花针茅草原 9 月达到峰值，生物量变化范围为 40.8 ~ 85.2g/m²，平均值为 60.7g/m²。

姜恕等（1985）对羊草草原和大针茅草原的生物量进行了研究，1979 年 8 月所测大针茅草原和羊草草原生物量分别为 125.5g/m² 和 142.0g/m²，作者认为羊草草原生物量虽高，但相差不大，羊草生物量约为大针茅的 1.1 倍。《中国植被》中，大针茅草原总盖度一般为 30%~60%，干草产量介于 75 ~ 150g/m²。

中国科学院黄河中游水土保持综合考察队（1958）对黄土高原地区草地产量和盖度的测定显示，典型草原的植被盖度一般在 30%~40%，生物量在 0.8 ~ 1t/hm²（80 ~ 100g/m²），草甸草原植被盖度一般为 50%~70%，生物量在 1.5 ~ 2t/hm²（150 ~ 200g/m²）。伍永秋等（2002）对黄土高原陕北小流域植被特征及其季节变化进行了研究，非农地（灌丛、荒草地和休闲地）植被盖度从 4 月开始增加，5 ~ 6 月达到最大值，并保持至 9 月甚至 10 月。灌丛盖度在湿润年份为 50%~90%，干旱年份为 30%~50%。荒草地湿润年植被盖度为 30%~40%，干旱年为 20%~30%。张娜和梁一明（1999）在陕北安塞区，对位于梁峁 34°半阴坡白莲蒿、沟谷 38°阴坡长芒草群落的生长状况进行了测定，白莲蒿群落生物量在 10 月上旬达到峰值，为 113.0g/m²，长芒草群落在 9 月中旬达到峰值，生物量为 112.5g/m²，这两个群落全年植被盖度均未超过 30%。《中国植被》中，长芒草 6 月至 6 月上旬抽穗开花，雨季来临之前，已经进入营养后期，群落总盖度一般在 50% 左右。

朱志诚等（1997）对黄土高原白叶蒿群落生物量的研究表明，白叶蒿群落生物量峰值出现在 9 月中旬，平均生物量为 234.05g/m²。

中国科学院西北水土保持研究所（1989）在宁夏回族自治区固原市进行了草地封育试验，封育两年后，植被盖度与对照比较，提高了 60%~90%，产草量提高了 1 ~ 2 倍。汪有科等（1992）基于实地调查资料和筑后模型得出的回归方程推算，在自然条件下黄土高原森林带植被盖度可达 90%~100%，森林草原带可达 80% 以上。

尽管人们对包括黄土丘陵沟壑区在内的农牧交错区植被盖度和生物量进行了大

量的调查，但不同测定者对所测植被的演替阶段、保护程度没有做明确的说明，使得不同地区、不同测定人员的植被数据之间的可比性降低。另外，大多作者没有对所测植被样方的坡度、坡向等立地条件加以说明，这大大降低了所测植被数据在水土保持领域的使用价值。另外，关于无人为干扰条件下植被的调查尚不充分，更少有系统研究不同坡向、不同坡度条件下天然植被的盖度和生物量的成果。

3. 植被与气候关系研究

植被与气候的关系是陆地生态系统中最重要的关系，因而植被–气候研究一直是地学、生态学研究的重点内容。在研究方法上，植被与环境的关系研究经历了由定性描述到定量研究的过程。人们很早就认识到陆地上的植物群落分布与气候分布有着密切联系，并试图把气候界线与植物生长或植被类型联系起来，直接用主要的植物群落类型为气候命名。定量研究植被–气候关系的方法，归纳起来有两类：一是多元分析；二是植被气候分类研究。多元分析主要是排序与分类。排序是指植物样地在空间上的排列，是研究植物群落之间，植物与环境关系的数量分析方法（张金屯，1992）。排序不仅可以对植被进行分类和分区，还可以通过环境解释研究植物形态结构和生态环境的相互关系。主要的排序分类方法有信息分析（information analysis）、主坐标分析（principal co-ordinates analysis，PCoA）、相互平均法（reciprocal averaging，RA）、去趋势对应分析（detrended correspondence analysis，DCA）、双向指示物种分析（two way indicator species analysis，TWINSPAN）、模糊排序（fuzzy-sort，FSO）、典型变量分析（cannonical variate analysis，CUA）等。多数的排序与分类方法不涉及环境变量，只根据群落数据进行排序和分类，然后单独对排序和分类结果进行相应的环境解释（environmental interpretation）。

植被气候分类研究主要是通过植被生态参数与气候变量之间的相互制约，建立模型来研究二者的关系。一般的植被气候模型包括三部分：①植被分类系统；②一系列对植被分布和生长有影响的环境变量；③有关植被与生态环境相互关系的表达式和参数。Schimper 于 1898 年首次提出植被分类系统和环境关系的定量模型。后来 Holdridge（1947）、Troll 和 Paffen（1964）、Walter 和 Lieth（1967）等先后提出了模型。每个模型都首先确定了一定的植被类型，一定的植被类型对应着一个或多个环境变量的取值范围。例如，Box（1983）对全球陆地上 1225 个地点的植被与环境指标进行了研究，建立了植被气候模型。模型的主要结构是通过确定性的生态模型，建立描述性的植被生态型与气候子模型之间的关系。Box 采用了 8 个气候变量：最热月平均气温、最冷月平均气温、以月计算的年均温、年降水量、年湿度指数（年降水量除以 Thornthwaite 可能蒸散量）、最大月降水量和最小月降水量、最热月降水量。生态方面的数据（模型）主要包括：①对植被作用机理方面的定性或定量的观察资料；②与气候因素相关联的大尺度植被分布的描述；③一些地区详细的气候与植被数据；④有关沿环境变化梯度上植被变化的分析资料；⑤有关植被分布与气候因子的相互关系和模型；⑥植被演替和模式方面的观察资料。另外，还考虑了其他环境限制因子，如土壤水分等。通过这些数据，对每一种植物群落类型给出其分布的 8 个气候变量的上下限值，就得到了植被分布与气候变量的对应关系，可以用这种对应关系进行植被类型估测。

由于植被与环境的关系十分复杂，每一种植被的群落特征及其分布由多种环境因素共同决定，所以人们不断探求环境综合因子与植被的关系。其中，主要有 Penman 的可能蒸散（potential evapotranspiration，PE）、Thornthwaite 的可能年蒸散（annual petential evapotranspiration，APE）与湿度指标（moisture index，I_m）、Holdridge 的生命地带（life zone）分类系统和 Kira 的温暖指数（warmth index，WI）和湿润指数（humidity index，HI）等（张新时，1989a，1989b，1993a，1993b）。

1）Penman 可能蒸散（PE）

Penman 对"可能蒸散"（PE）的定义是"从不匮乏水分的、高度一致并全面遮覆地表的矮小绿色植物群体在单位时间内的蒸散量"。他给出的计算公式为

$$E_0 = (\Delta H + \gamma Ea)/(\Delta + r) \tag{1-1}$$

式中，E_0 为蒸散量；Δ 为在气温为 T_a 时的饱和水汽压曲线斜率（mb/℃）；$H = Ra(1-r)(0.18+0.55n/N) - \delta T_a^4[0.56-0.092(ed)^{-2}](0.10+0.90n/N)$，Ra 为无大气时到达单位面积地面上的太阳总辐射量，r 为下垫面反射率，n/N 为日照百分率，δT_a^4 为气温为 T_a 时的黑体辐射，ed 为平均水汽压；γ 为干湿球湿度公式常数；Ea 为实际水汽压（mm），Ea = 0.35（1+u/100）（ea−ed），u 为高度 2m 处的风速，ea 为温度为 T_a 时饱和水汽压（mm）。

2）Thornthwaite 可能年蒸散

$$E_0 = 16 \times \left(\frac{10T}{I}\right)^\alpha \tag{1-2}$$

式中，E_0 为可能蒸散量（mm/month）；T 为月平均气温（℃）；I 为年热量指数（annual heat index），定义为一年中所有月份的月热量指数（i）之和，月热量指数 i 的计算公式如下：

$$i = \left(\frac{T}{5}\right)^{1.514} \tag{1-3}$$

这一关系仅在月均温 0~26.5℃时适用。α 为经验常数，依赖于年热量指数 I，计算公式为

$$\alpha = 6.7 \times 10^{-7} I^3 - 7.71 \times 10^{-5} I^2 + 1.792 \times 10^2 I + 0.49239 \tag{1-4}$$

Thornthwaite 公式主要适用于温带气候地区，对其他气候类型的准确性可能不高。式（1-2）中的可能蒸散量 E_0 为未校正的蒸散量，根据实际纬度和日长时数校正后的可能年蒸散（APE）为

$$\text{APE} = E_0 \times \text{CF} \tag{1-5}$$

式中，CF 为按纬度的日长时数与每月日数相关的系数。

根据降水量（P）和 APE 的大小进行土壤水分平衡估算：

$$S = P - \text{APE} (当 P > \text{APE} 时) \tag{1-6}$$

$$D = \text{APE} - S (当 P < \text{APE} 时) \tag{1-7}$$

式中，P 为降水量（mm）；S 为 P 大于可能蒸散量时的水分盈余（mm）；D 为 P 小于可能蒸散时的水分亏缺（mm）。水分盈余时当月的湿润指标为 $I_h = 100（S/\text{APE}）$，出现水分亏缺时当月的干旱指标 $I_a = 100（D/\text{APE}）$。

根据湿润指标和干旱指标计算湿度指标 $I_m = I_h - 0.6 I_a$。

3）Holdridge 生命地带分类系统

热量、降水和湿度决定地球表面的植被类型及其分布，三者决定了植物群落的组合，这种组合就称作"生命地带"，它既表示一定的植被类型，又含有该植被类型所代表的热量和降水的一定数值幅度。"生命地带"具体的指标为生物温度（biotemperature，BT）、降水（precipitation，P）和可能蒸散率（potential e-vapotranspiration rate，PER）。计算公式为

$$\text{BT} = \sum t / 365 \tag{1-8}$$

或

$$\text{BT} = \sum T / 12 \tag{1-9}$$

式中，BT 为年平均生物温度（℃）；t 为小于 30℃ 和大于 0℃ 的日均温（℃）；T 为小于 30℃ 和大于 0℃ 的月均温（℃）。可能蒸散率公式为

$$\text{PER} = \text{BT} \times 58.93 / P \tag{1-10}$$

Holdridge 将生物温度、降水和可能蒸散率各以 60° 角相交构成 60 个生命地带及其相应气候指标的组合。

我国学者陶诗言（1970）早在 20 世纪 40 年代就利用 Thornthaite 方法对我国的气候进行了与自然景观相适应的气候分类，为我国以后的气候区划奠定了基础。20 世纪 70 年代后期，我国学者引入国外植被排序与分类方法（阳含熙等，1979b，1980）。20 世纪 80 年代开始逐渐出现了应用研究。牛建明和李博（1992）采用相互平均法，对鄂尔多斯高原植被与生态因子进行了多元分析，证明水分梯度是高原上最显著的环境因素，并给出不同植被类型分布的气候阈值，即典型草原的平均降水量为 300~450mm，湿润系数为 0.23~0.43；荒漠化草原年均降水量为 200~300mm，湿润系数小于 0.13。方精云（1991，1994）分析了

中国森林植被的气候特点，利用温暖指数确定了我国生物温度气温带，他还分析了东亚植被在降水和温度坐标上的分布格局。李胜功（1991）采用模糊聚类技术，对 40 个有樟子松生长的典型地点以气候因子为依据进行了聚类分析，确定了樟子松生长的三个生态气候区。

张新时（1989a，1989b，1993a，1993b）先后将 Penman、Thornthwaite 和 Holdridge 的研究成果系统地介绍到我国，并分别用这三种方法进行了我国植被-气候关系的研究。用 Penman 的潜在蒸散量和干燥度，以及我国地面 622 个国家观测站点的气候资料，计算了我国各植被地带与亚地带的潜在蒸散量和干燥度的范围。其中，温带草原地带的干燥度在 1.30~3.80，草甸草原为 1.3 左右，典型草原在 1.6~2.2，荒漠草原在 2.2~3.8；用 Thornthwaite 方法计算所得的可能蒸散（APE）、湿度指标（I_m）与气候分类与我国主要植被类型及其分布格局有密切联系，我国温带草原北部 APE 为 525~630mm，I_m 为 -54~-22，属中低温半干旱型，南部黄土高原部分 APE 为 575~665mm，I_m 为 -57~-20，属中温半干旱型；作者对 Holdridge 系统进行了修订，使其更适合中国的情况，然后对中国植被地带与亚地带进行了计算，绘制了中国生物温度图、中国可能蒸散率图和中国生命地带图。由该方法计算所得我国温带草原北部生物温度（BT）为 8.0℃，年降水量（P）为 386mm，可能蒸散率（PER）为 1.25；南部 BT 为 9.2℃，年降水量为 382mm，PER 为 1.54，均属冷温型草原生命地带。作者还利用 Holdridge 系统预测了 CO_2 倍增情况下我国植被及其潜在净第一性生产力的变化。张新时（1991）还利用排序技术和多元分析法，依据数据→排序→分类→环境因子分析→梯度的环境解释→群落类型分布模型的路线，对西藏阿里地区的植物群落进行了分类与环境解释，在方法上具有代表性。

遥感与地理信息系统技术在植被-气候关系研究中得到了广泛应用。牛建明和吕桂芬（1998）在地理信息系统支持下，将数字化的植被地带图与气候因子数字图叠加，获得了内蒙古植被地带分布的适宜气候范围，确定了主要植被地带，即森林带、森林草原带、典型草原带、荒漠草原带和荒漠区的气候界线，但划分界线只是尝试性的研究，离具体应用还有一定距离。宋睿和朱启疆（2000）利用 NOAA/AVHRRDD 的归一化植被指数（normalized difference vegetation index，NDVI）数据分析了我国陆地植被净第一性生产力的分布和季节变化。李本纲和陶澍（2000）用相关系数法分析了我国 AVHRR NDVI 与气候因子的关系。陈云浩等（2001）也用 NDVI 和中国 160 个基本标准气象站的月平均气温和降水数据，用偏相关和复相关系数探讨了我国植被 NDVI 动态变化的驱动因子，表明在常年降水量大于 700mm 的地区，NDVI 由气温驱动，而降水量在 300~700mm 的区域主要由降水驱动。

4. 植被演替

植被自然恢复的本身，就是植被自然演替的一部分。要想知道一个天然植被已经遭到破坏的地区植被应该恢复到什么程度，植被演替规律可以提供理论基础。植被演替向来是生态学的一项重要研究内容，不同地区、不同生境植被演替的方向和动力不同。我国学者对相关地区植被的演替进行了大量研究。邹厚远等（1998）对固原干草原区撂荒地植被演替进行了研究，认为弃耕地植被演替的方向是朝着原生植被类型发展的，并且随着植被的不断演替，植被群落结构趋于复杂化，群落总盖度、生物量也随之增加。弃耕地从香茅草群落开始，经百里香+杂草类阶段到长芒草+百里香群落→长芒草+白莲蒿群落→长芒草+大针茅群落需要四五十年时间。王庆锁和董学军（1997）研究了毛乌素沙地黑沙蒿群落正向演替的序列，为流动沙丘→流动沙地黑沙蒿群落→固定沙地黑沙蒿群落+长芝草群落→长芝草群落，证明典型草原区的气候顶极群落为本氏针茅（长芒草群落）。程积民（1998）对黄龙山、六盘山和子午岭的植被演替进行了研究。黄龙山森林群落正常演替序列为草地（白莲蒿、白羊草、长芒草等）→灌丛（白刺花、虎榛子、杠柳等）→落叶阔叶林（山杨、白桦、槭树等）→针阔混交林（松类、辽东栎等）→针叶林（油松、华山松等）；森林破坏后的演替序列：阳坡半阳坡为草地（白莲蒿、白叶蒿、白羊草等）→灌丛；阴坡半阴坡为草地（黄背草、薹草、白羊草等）→灌丛（白刺花、秀线菊、黄刺玫等）→森林（辽东栎、山杨）。子午岭森林植被正常演替序列为草地（大披针薹草、蒿类等）→灌丛（二色胡枝子、白刺花、黄刺玫等）→落叶阔叶混交林（山杨+白桦或山杨+辽东栎等）→针阔混交林（油松+山杨或白桦、辽东栎；柴松+山杨或辽东栎、白桦）。子午岭森林破坏后的演替序列：阳坡、半阳坡为草地（长芒草、白羊草、白莲蒿）→灌丛（二色胡枝子、黄刺玫、秀线菊等）→幼林（辽东栎+灌丛）。六盘山森林群落正常演替序列为草地（白颖薹草、白羊草、白莲蒿等）→灌丛（箭竹、虎榛子、卫矛等）→落叶阔叶混交林（油松+山杨、油松+辽东栎、华山松+辽东栎+山杨等），最后演替成稳定的山杨、白桦、辽东栎、油松、华山松群落。六盘山森林破坏后的演替序列：阳坡为草地（长芒草、白莲蒿、白羊草）→灌丛（白刺花、秀线菊、杠柳等）→幼林（无明显的建群种，多以混交林出现）；阴坡半阴坡，草地（白颖薹草、大油芒、野棉花等）→灌丛（箭竹、二色胡枝子、卫矛等混交丛生）→幼林（辽东栎+灌丛）。程积民（1998）认为，黄土高原林区森林破坏后，都能不同程度地演替到次生林，盖度都可达到80%以上。

邹厚远等（2002）认为子午岭从弃耕地先锋群落开始，经过草本和灌木群落时期，先演替到早期森林群落（山杨林、白桦林、侧柏林及乔灌木群聚），进而演替到后期森林群落（辽东栎林和油松林），辽东栎林是子午岭气候演替的顶极群落。同时学者认为，广泛分布于子午岭以北森林草原区的白叶蒿+长芒草、白莲蒿群落，以及子午岭以南的落叶阔叶林是森林破坏后的派生类型，且不稳定，很易向森林方向发展。朱志诚和岳明（2001）认为，延安以北的森林草原地区，裸地上群落的发展，往往要经过旱生禾草群落和旱中生蒿类群落两个阶段，前者如长芒草群落、大针茅群落、糙隐子草群落等，后者为旱中生性白叶蒿、白莲蒿群落，再后，以黄蔷薇、沙棘和三裂绣线菊等为优势的灌木草原代替，最终形成山杏、大果榆、杜梨、侧柏、杜松等乔木疏林草原。其中旱中生性蒿类群落在森林区处于草地群落演替的前期，而在森林草原区处于草地群落演替的后期。他还认为，延安市以北至长城沿线的森林草原地带，由于干旱和强烈的水蚀，黄土母质外露，极端干旱贫瘠，旱中生性白叶蒿和白莲蒿已不能适应，需长芒草、大针茅、硬质早熟禾等旱生丛生禾草改造基质后，白叶蒿等旱中生性蒿类才能定植（朱志诚等，1997）。张金屯等（2000）对年降水量约500mm的吕梁山中段地区的植被演替进行了研究，认为在弃耕地上群落的演替顺序为苦苣菜+狗尾草群落→蒿类群落→野艾蒿+披碱草群落→披碱草+早熟禾+蒿类群落→沙棘灌丛群落→油松林→华北落叶松林。李博等（1990）、中国科学院内蒙古草原生态系统定位站（1992）、王仁忠（1987）对内蒙古典型草原植被的演替进行了研究，证明弃耕地经过6~8年的演替，植被可以稳定在大针茅和羊草群落。另外，李胜功等（1997）、赵哈林（1993）对科尔沁沙地植被的演替进行了研究，认为科尔沁沙地从弃耕地开始，植被演替的顺序依次是沙蓬群落→盐蒿群落或黄柳群落→糙隐子草群落或羊草群落或冰草群落→灌丛化草原→榆树疏林草原。

总之，大量的植被演替研究都证明，黄土高原及其周边中温型典型草原的气候顶极群落以本氏针茅、大针茅、羊草草原为主，内蒙古东部地区，狼针草草甸草原也具有重要地位。黄土高原西北部暖温型典型草原的气候顶极群落为长芒草群落，东南部森林草原区的白叶蒿、白莲蒿群落虽不能肯定是气候顶极群落，但确是森林草原区比较稳定的草原群落。

1.2.2 植被与土壤水分研究

20世纪80年代开始，就有学者（中国科学院内蒙古草原生态系统定位站，1988）对内蒙古天然草地生产力与土壤水分的关系进行了研究。认为天然草地生产力不仅受降水年际变化的影响，还受降水年内季节变化的影响。黄土高原地区由于深厚的黄土母质的存在，植被与土壤水分的关系十分复杂。前人对黄土高原土壤水分的物理特性、持水性能和不同农作物的耗水做了比较详细的研究（李玉山，1983；杨文治和邵明安，2000），也对黄土高原主要人工林草植被的土壤水分进行了研究。主要结论是黄土高原地区主要的粮食作物，主要用水层深度，在一定的产量水平下，土壤水分在较长的时间尺度上基本可以维持平衡（张孝中等，1990；李开元和李玉山，1995），而大多人工林草植被对土壤水分的需求量大于降水补给量，形成利用型"土壤干层"（李玉山，1983；王志强等，2007，2008）。这一认识，使人们对该区植树造林进行重新思考，并获得新的认识，这是一个十分重要的改变。黄土高原土壤水分还需深入研究的问题主要有：天然植被对土壤水分的利用深度和利用强度；天然植被不同演替阶段土壤水分的动态变化；人工植被造成的土壤干层对陆地生态系统甚至全球变化的影响；造成土壤干层的人工植被被砍伐后，土壤干层水分的恢复；土壤干层对天然植被自然恢复的影响等。

1.2.3　植被对土壤侵蚀影响研究

较高的植被覆盖度可以有效地防治土壤侵蚀的发生。植被通过降低降雨雨滴动能和截留，改变雨滴特性、增加地面入渗减少地表径流等减少土壤侵蚀。国外有关植被对土壤侵蚀的研究，美国的研究最具代表性，而美国的研究又集中体现在通用土壤流失方程中。早在1936年，Cook就提出了影响土壤侵蚀的降水因子、土壤因子和植被因子。Smith于1941年首次将植被因子用于土壤流失量估算，开辟了定量研究植被对土壤侵蚀影响的先河。以后在Wischmeier和Smith等的努力下，分别在1965年、1978年和1997年出版了第一版通用土壤流失方程、第二版通用土壤流失方程和修订通用土壤流失方程（the revised universal soil loss equation，RUSLE）（Leflen and Colvin，1981；Leflen，1983；Leflen et al.，1985；Weltz et al.，1987）：

$$A = RKLSCP \qquad (1-11)$$

式中，A 为计算的单位面积多年平均土壤流失量 $[t/(hm^2 \cdot a)]$；R 为降水侵蚀力因子；K 为土壤可蚀性因子；L 为坡长因子；S 为坡度因子；C 为覆盖和管理因子；P 为水土保持措施因子。

C 因子最初被称为耕作–管理因子，后来改为覆盖和管理因子。覆盖和管理因子 C 值，是在有作物和一定管理措施下农地的土壤流失量与正常耕作、连续休闲对照农地土壤流失量的比值，大小在 0～1。但在 USLE 第一版（1965年）和第二版（1978年）中，比值是通过试验观测数据确定的，而 RUSLE 则是采用次因子法确定的。

第一版 USLE 中，C 因子的影响因素主要考虑作物覆盖、耕作历史、生产力水平、作物残体、轮作牧草和冬季覆盖物等，而且只是认识到这些因素对 C 因子的作用，没有定量计算每个影响因素的影响程度。第二版 USLE 中，考虑 C 因子影响因素包括了植物冠层，地上作物残体覆盖、土壤中植物残体、耕作方式和土地利用的残余效应。每个影响因素作为次因子，将由某个影响因素的土壤流失量与没有该影响因素的对照农地土壤流失量相比，得到的比值作为该次因子的值，所有次因子值的乘积即为作物覆盖和管理因子 C 值。RUSLE 考虑的次因子包括前期土地利用次因子、冠层覆盖次因子、地表覆盖次因子、地表糙度次因子和土壤水分次因子，次因子值的计算方法与 USLE 不同，不是通过观测数据得到次因子的比值，而是采用 Laflen 等（1981，1983，1985）和 Weltz 等（1987）的方法，单独估算每个次因子的值，然后相乘得到覆盖和作物管理因子值。

由于植被覆盖和管理因子值的大小不仅随覆盖和管理本身的变化而变化，还受降水变化的影响，所以在具体计算覆盖和管理因子值时，还需将作物的生长过程划分为不同的时间段，以每个时间段内降水侵蚀力因子值占计算总时间段内降水侵蚀力因子值的百分比为权重，乘上每个阶段的覆盖和管理因子值，得到各时段覆盖和管理因子值，将各时段的覆盖和管理因子值相加，求得总时间段的覆盖和管理因子值。在时间段划分上，USLE 第一版和第二版以作物生长周期中盖度的变化分 5 个（第一版）和 6 个（第二版）时间段，RUSLE 则以半个月为间隔划分时间段，一年中有 24 个时间段。

RUSLE 计算覆盖和管理因子的公式为

$$SLR = PLU \cdot CC \cdot SC \cdot SR \cdot SM \qquad (1-12)$$

式中，SLR 为土壤流失比率，即覆盖与管理因子 C 值；PLU 为前期土地利用次因子；CC 为冠层覆盖次因子；SC 为地表覆盖次因子；SR 为地表糙度次因子；SM 为土壤水分次因子。

各次因子的计算公式如下：

$$PLU = C_f \cdot C_b \cdot \exp\{2.268[(-C_{ur} \cdot B_{ur}) + (C_{us} \cdot B_{us}/C_f \cdot C_{uf})]\} \qquad (1-13)$$

式中，C_f 为土壤表面稳定性次因子；C_b 为土壤中残余物对土壤板结的作用；B_{ur} 为土壤上层活根和死根的质量密度；B_{us} 为混入土壤上层植物残体的质量密度；C_{uf} 为土壤板结对土壤中植物残体作用的影响；C_{ur} 和 C_{us} 为土壤中植物残体作用的校准系数。

$$CC = 1 - F_c \cdot \exp(-0.328 \cdot H) \qquad (1-14)$$

式中，F_c 为地表冠层覆盖度（小数值）；H 为冠层截留后的雨滴降落高度（m）。

$$SC = \exp[-b \cdot S_p \cdot (0.06096/R_u)^{0.08}] \qquad (1-15)$$

式中，b 为经验系数；S_p 为地表覆盖百分比；R_u 为地表糙度。

$$SR = \exp[-0.26(R_u - 0.6096)] \qquad (1-16)$$

我国关于植被对土壤侵蚀的影响研究在20世纪50年代就开始了。研究的领域主要在植被控制水土流失的机制、植被减少水土流失的效益评价、植被减少土壤侵蚀的定量模型等方面。早在1960年，我国著名土壤学家朱显谟就研究了人工林、人工牧草减少土壤侵蚀的作用（朱显谟，1960），他在文中叙述道，"植被既可以被覆地面拦截降水，保护地表直接遭受雨滴的打击，又可阻缓暴雨强度，调节地面径流，增加土壤渗透时间，削减径流动能，以及加强和增进土壤渗透性、抗蚀性和抗冲性等。"他把植被对水土流失的影响分为直接影响和间接影响，并计算得出五年的洋槐林、白榆林和臭椿林分别可以截留389.33mm降水量的16.10%、15.14%和7.45%，三者减沙减流的作用与被覆度呈正相关。人工牧草苜蓿比作物地减少径流的5.60倍，减少土壤冲刷的15.60倍。在间接影响方面，植被使土壤团聚体的含量和有机质含量增加，增强了土壤的抗蚀性和抗冲性。朱显谟的研究影响了后来许多年我国在植被对土壤流失影响方面的研究。

自朱显谟之后，我国许多科学工作者研究了林草植被控制水土流失的机理，但基本思路还是与朱显谟提出的思路一致，主要结论是植被截留、削弱降水动能、减少降水直接打击地面直接减少土壤侵蚀，植被增加土壤有机质及团聚体含量增加土壤抗蚀和抗冲能力。在森林植被方面，吴庆孝和赵鸿雁（1998）、刘向东等（1991）、李勇（1990）、余新晓等（1997）做了很多相关研究工作。

草地方面也有相当多的研究成果，如刘国彬（1998）、吴彦和刘世全（1997）做了比较详细的研究。这些研究对于理解植被控制水土流失的机理具有重要意义，但它们不能直接用于预报减少土壤侵蚀的量（刘宝元等，2001）。侯喜录等（1991）的研究表明，柠条锦鸡儿、洋槐、斜茎黄耆、天然草地和农地相比，泥沙可分别减少99%、98%~99%、95%~97%、63%。刘宝元等（1990）研究表明，植被与裸露农地相比，可减少侵蚀量84%~99%。蒋定生等（1992）的研究表明，植被盖度85%的沙棘林比坡耕地减少侵蚀量98%，植被盖度65%~80%的刺槐和柠条锦鸡儿林减少99%，植被盖度60%~70%的人工斜茎黄耆可减少92%。贾绍凤（1995）对安塞综合水土保持试验站数据和其他多人的研究资料进行了分析，总结出不同植被盖度相对于盖度小于10%的撂荒坡地的平均减水减沙率（表1-6）。

表1-6　植被相对于撂荒坡地的平均减水减沙率（贾绍凤，1995）

（单位:%）

植被覆盖度	径流减少率	侵蚀减少率
20	15	30
40	30	50

植被覆盖度	径流减少率	侵蚀减少率
60	60-50-30	85
80	75-60-50	90
>90	70	95

关于农作物对土壤侵蚀的影响，张兴昌和卢宗凡（1993）通过五年的观测，发现不同农作物平均土壤侵蚀量由小到大的顺序为黑豆、春播荞麦、黄豆+黄芥、夏播荞麦、粱、马铃薯、小麦、糜、黄豆、裸地。张岩等（2001）通过对甘肃省天水市和陕西省安塞区水土保持试验资料的分析，计算了7种作物6个农作期的土壤流失比率，并对黄土高原7种作物覆盖因子进行了计算，所得7种作物覆盖因子值在0.23~0.74。

我国关于植被对土壤侵蚀的影响研究主要集中在植被盖度方面，对植被高度、植物残留体对土壤侵蚀的研究较少。

我国在植被与土壤侵蚀关系的模型研究方面，也有不少成果。主要分两个方面：一是建立土壤侵蚀量（侵蚀模数）与植被盖度的关系；二是类似USLE中植被影响系数（有植被地土壤流失量与裸地土壤流失量的比值）与植被盖度的关系。陈廉杰（1991）根据不同森林覆盖率的小流域试验资料得出森林覆盖率（x）与泥沙量的指数形式：$M_e = Ae^{-Bx}$。罗伟祥等（1990）总结土壤冲刷量W与林草盖度C的关系为$W = -11.18 + 1099.801 \times (1/C)$。侯喜禄和白岗栓（1995）得出林地土壤侵蚀量$Y$与林地覆盖度$X$的关系为$Y = 10377.89 - 271.65X + 1.78X^2$。王秋生（1991）给出植被盖度$C$与侵蚀模数$M$的幂函数关系为$M = ae^{-bc}$（$a$，$b$，$c$为常数），余新晓等（1997）给出小流域森林植被覆盖度F与土壤侵蚀量M_s之间的幂函数关系为$M_s = C(1-F)^{0.5774}$（C为常数）。

关于植被流失系数与盖度的模型研究比较少。江忠善等（1996）根据安塞区水土保持试验站1987~1991年斜茎黄耆和红豆草地以及休闲农地的土壤侵蚀资料、1989年9种不同覆盖度的27°林地小区资料，分别给出了草地和林地C因子（植被土壤侵蚀量与休闲清耕农地土壤侵蚀量的比值）与植被盖度的关系式：

$$C_1 = e^{-0.0418(v-5)} \quad r = -0.968 \tag{1-17}$$

$$C_2 = e^{-0.0085(v-5)1.5} \quad (v < 5\% \text{时}, C_2 = 1) \quad r = -0.965 \tag{1-18}$$

式中，C_1、C_2为草地、林地植被因子；v为植被盖度。

刘宝元教授开发的中国水土流失方程（CSLE），已在国内得到了广泛应用，第一次全国水利普查水土保持情况普查，以及2018年开始的全国水土流失动态监测，CSLE作为有力工具，支持了全国水土流失监测工作。

第 2 章 | 研究内容和方法

2.1 研究目的和内容

作者在黄土高原及其周边地区，包括黄土丘陵沟壑区，调查了无人为干扰或人为干扰较少情况下的天然"岛状"植被，测量了"岛状"植被的高度、盖度和生物量等生长参数及其空间变化规律，测定了天然"岛状"植被土壤水分和土壤特性。主要目的在于研究人为干扰较少情况下，天然植被自然恢复潜力及其对生态环境的影响，为黄土高原及其周边地区的水土保持提供理论依据。主要研究内容及其相互关系如图2-1所示。

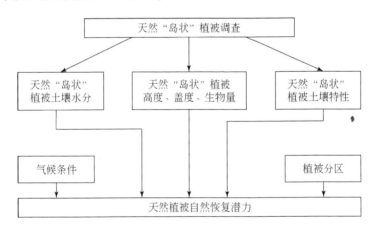

图2-1 研究内容及其相互关系

1. 天然"岛状"植被调查

无人为干扰或人为干扰较少条件下天然"岛状"植被的调查，是本书的核心内容。某一地区无人为干扰或干扰较少条件下的植被高度、植被盖度和生物量反映了该区植被的潜势高度、盖度和生物量。天然"岛状"植被调查是进行植被自然恢复潜力研究的基础。本次对天然"岛状"植被的调查，不仅要调查一个地区天然植被的一般生长状况，在有条件的地方，还要重点调查天然植被在不同坡向、不同坡度条件下的生长状况，反映天然植被的空间变化规律。在黄土高原周边（如内蒙古高原土层较薄的地区）还调查了土层厚度对植被生长的影响。只有这样，才能比较真实地反映一个地区第一性生产力潜力的大小，为水土保持研究和规划工作提供更加有用的基础数据。

2. 天然"岛状"植被土壤水分

黄土高原是一个水分驱动型生态过渡区。土壤水分对植被的生长及演替起主导作用。作者主要调查天然植被对土壤水分的利用深度、利用强度，并与人工植被进行比较，探讨天然植被对土壤水分利用的可持续性，以便从土壤水分的角度，提供天然植被能否自然恢复的佐证。

3. 天然"岛状"植被土壤特性

土壤特性方面主要测定了天然"岛状"植被及其他土地利用方式下的土壤容重和有机质含量。土壤容重和有机质含量是反映土壤肥力的两个重要综合性指标。天然"岛状"植被的土壤容重和有机质含量也是评估该地区两个重要环境背景基础数据。通过比较天然"岛状"植被与其他人工植被的土壤容重和有机质含量，反映天然植被对生态环境的影响，同时从侧面为天然植被的自然恢复提供依据。

4. 天然植被自然恢复潜力

主要在野外天然"岛状"植被调查的基础上，将天然"岛状"植被的信息扩展，反推在现状气候条件下，天然"岛状"植被所代表地区的潜势植被高度、植被盖度和生物量，即为天然植被自然恢复潜力。

2.2　调查样点分布

根据前人对黄土高原及其毗邻地区植被区划的研究成果，结合气候特点，选择典型县作为重点调查区。调查样点分布见图2-2。

在黄土高原西北部荒漠化草原区选择皋兰县、靖远县两县和会宁县北部地区；在暖温型典型草原区自西向东选择安定区、西吉县、原州区、环县、定边县、准格尔旗，其中，准格尔旗在植被上属于典型草原与森林草原的过渡区；在中温型典型草原区选择张北县、多伦县、太仆寺旗、锡林浩特市、巴林左旗、科尔沁左翼后旗、乌兰浩特市、阿尔山市；在森林草原区，自西向东选择康乐县、泾川县、西峰区、富县、安塞区、吴起县、绥德县、岚县。本次野外天然植被调

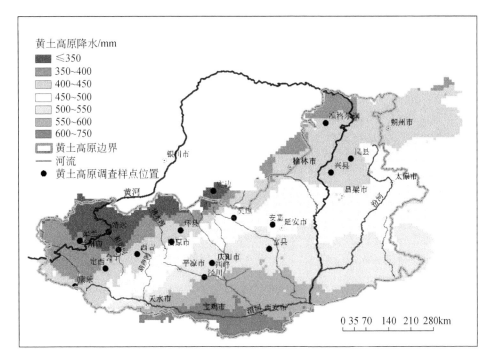

图 2-2 植被调查样点分布图

查的重点在黄土丘陵沟壑区。该区天然植被破毁严重，地形破碎，土壤侵蚀十分严重，弄清该区天然植被自然恢复的潜力及其对环境的影响，对制定水土流失治理措施具有重要意义。

本书中天然"岛状"植被，是指在无人干扰或人为干扰较少条件下的天然植被。但实际上，绝对无人干扰的天然植被是没有的。对于草本植被，只要达到三个条件，就可以被视为天然"岛状"植被：①至少持续禁牧 4~10 年，典型长芒草草原禁牧 6 年以上，森林草原区禁牧 4 年以上，并且没有明显人为活动，如耕种、践踏、打柴等痕迹。之所以将禁牧时间下限定为 4~10 年，是因为根据调查，在暖温型典型长芒草草原地区的弃耕地禁牧 10 年以上，中温型典型草原大针茅和羊草草原区弃耕地禁牧 6 年，植被即可演替到地带性植被，森林草原区禁牧 4 年以上，草地植被即演替到较为稳定的蒿类草原。②植被类型必须是当地地带性植被。③植被所在的立地条件是非隐域性的。黄土丘陵沟壑区森林植被较少，大多分布在区内的几个石质山地及气候较湿润的南部边缘地带，只要森林不是人工植被，就可以被认为是天然"岛状"植被。

天然"岛状"植被的面积大小不定，小到几十平方米的墓地，大到几十平方千米的自然保护区。天然"岛状"植被的存在，主要有五种情况：一是自然保护区,如1982年建立的固原市云雾山草原自然保护区;二是庙宇、寺院等宗教场所附近的植被,如会宁县河畔乡的清风寺、泾川县回中山西王母宫等;三是水土保持治理区,如西峰区的南小河小流域、安塞区的纸坊沟小流域等;四是面积较大的受保护的坟墓、陵园内的植被;五是人口稀少,远离人烟的地方,人为干扰很少的地方,如皋兰县的水阜镇。有的天然"岛状"植被存在的原因可能不止一个,如定西市仙台山植被既是仙台庙所在地,又是水土保持封山治理区。表2-1为本次野外调查重点地区及天然"岛状"植被区的基本情况。

表2-1 野外调查重点地区及天然"岛状"植被区的基本情况

地区	年均温 /℃	年降水量 /mm	调查点经度	调查点纬度	天然植被存在原因	岛状植被存在年限/年	建群种
皋兰县	7.2	260	103°53.435′E	36°18.840′N	人烟稀少、保护	>30	短花针茅、红砂群落
靖远县	8.3	239.6	104°41.352′E	36°33.113′N	宗教圣地	>20	红砂等
安定区	6.3	425.1	104°35.962′E	35°34.298′N	宗教圣地封育区	30~40	短花针茅群落
会宁县	6.4	370	104°57.926′E	36°04.138′N	宗教圣地	>50	短花针茅群落
西吉县	5.3	418.9	105°28.663′E	35°57.152′N	封山、季节放牧	12	长芒草群落
原州区	5.9	455.6	106°24′E ~ 106°28′E	36°13′N ~ 36°19′N	省级自然保护区	20	长芒草群落
环县	7.9	433.0	106°41.208′E	36°35.501′N	墓地、围栏禁牧	16	短花针茅群落、白草群落
定边县	7.0	315.0	107°36.153′E	37°38.890′N	墓地	38	长芒草群落
准格尔旗	7.3	393.0	110°41.454′E	39°28.617′N	宗教圣地	>50	针茅、蒿草、稀树
康乐县	6.3	546	103°44.583′E	35°00.897′N	自然保护区	>50	天然林
泾川县	10	553.4	107°20.667′E	35°20.082′N	宗教地	>20	天然灌丛
西峰区	8.3	561.6	107°33.550′E	35°42.642′N	封育区	>15	天然草地
富县	9.0	631.0	109°08.935′E	36°05.434′N	天然林	>40	天然林
安塞区	8.8	505.3	109°14.560′E	36°44.560′N	水土保持小流域	20	天然草地
吴起县	7.8	463.1	108°10.462′E	36°55.770′N	禁牧	4	天然草地
绥德县	9.7	453.3	110°17′E	31°31′N	水土保持保护区	20	天然草地
兴县	7.5	488.5	110°50.075′E	38°08.692′N	天然林场	>30	天然林
岚县	6.8	504.9	111°23′E	38°31′N	天然林场	>50	天然林

地区	年均温/℃	年降水量/mm	调查点经度	调查点纬度	天然植被存在原因	岛状植被存在年限/年	建群种
张北县	3.7	402.9	114°43.656′E	41°01.103′N	烈士陵园、保护林带	>30	大针茅
多伦县	2.2	382.7	116°28.261′E	42°10.251′N	浑善达克沙地固沙边缘保护区	6	大针茅
太仆寺旗	1.4	407.0	115°14.906′E	41°49.032′N	围栏禁牧区	>8	大针茅
锡林浩特市	2.3	281.9	116°05.364′E	43°25.043′N	围栏禁牧区	>20	狼叶草
巴林左旗	5.2	381.6	119°15.032′E	43°56.626′N	围栏禁牧区	6	大针茅、羊草
科尔沁左翼后旗	5.8	452.1	122°12.002′E	42°46.888′N	大青沟国家级自然保护区	>20	沙地天然林
乌兰浩特市	4.1	416.7	122°03.001′E	46°05.771′N	成吉思汗陵	>30	大针茅
阿尔山市	-2.8	445.4	119°56.956′E	47°10.481′N	林间空地	6	狼叶草

2.3　调查内容及方法

2.3.1　天然植被调查

植被调查的主要内容为植被类型、建群种名称、植被高度、植被盖度和生物量。本次植被调查主要是为水土保持服务，只记录植被类型和建群种及主要伴生种名称。

植被高度的测定。在植被样方中随机选择 10 株以上优势种植物个体，分别测叶高和生殖秆高，取平均值为植被高度。林地用 10 根 1m 长带标尺的土钻钻杆，结起来垂直于树干方向，直接测定树木的高度。

植被盖度的测定。首先在野外进行目测，其次主要采用数码相机垂直地面照相，回到室内用图像处理的方法提取植被盖度，最终植被盖度取图像处理提取的盖度，但结果如果与野外目测的盖度差异太大，则与野外照片对照，进行复合纠正。

生物量的测定。用剪刀剪取 1m×1m 样方中所有地上部分植物，装入密封塑料袋，在室内称鲜重。再将塑封袋中的植物倒出放于托盘，充分混合，然后取 200~300g，置于烘箱在 60~80℃温度下，烘至恒重，一般 12h 左右即可达到恒重，称干重后计算样方生物量，单位为 g/m^2。另外，测定每一个植被样方所在坡面的坡度和坡向，用以分析植被生长和地形的关系。

2.3.2　土壤水分

除测定天然"岛状"植被的土壤水分外，还测定最常见的三种土地利用类型的土壤湿度，即农地、放牧荒坡和人工林草植被。土壤湿度的测定用烘干法，用重量百分比表示。土壤水分测定深度 3～10m 不等，具体深度在后文详细叙述。

2.3.3　土壤特性

土壤特性主要测定土壤容重和土壤有机质含量，主要测定天然"岛状"植被、农地、放牧荒坡和人工林草植被。土壤容重的测定用环刀法。测定深度为 1m，间距为 10cm 或 20cm。对天然"岛状"植被、放牧荒坡、农地和其他人工植被土壤有机质含量进行测定，土样为 0～20cm 混合土样，测定方法为重铬酸钾-硫酸外加热法。

2.3.4　地形参数测定

地形参数主要记录地貌部位，包括坡顶、坡肩、上坡、中坡、下坡、坡脚等地貌部位；利用罗盘确定坡向，山坡上不同地貌部位的坡度用 3m 长的直板平行于坡向置于地面；用罗盘测坡度，如果某个地貌部位坡度变化较大，则测多个 3m 长的坡度，取其平均值作为该地貌部位的坡度。

第3章　荒漠草原区天然植被调查

荒漠草原区主要调查了皋兰县、靖远县及会宁县北部地区，在中国草地资源分区中，属于蒙宁甘温带半干旱草原和荒漠草原区，鄂尔多斯西部、宁西北、陇中高平原荒漠草原亚区，宁西北、陇中黄土高原丘陵短花针茅、猪毛菜、红砂小区。皋兰县和靖远县北部降水量低于 200mm 的地区，由于没有灌溉就没有农业，已属于草原荒漠区。会宁县南部地区属于暖温型典型草原区，北部属于荒漠草原区。

3.1　皋　兰　县

皋兰县县城气象站所在地年平均气温为 7.2℃，最高气温为 37℃，最低气温为 –25.4℃。年平均降水量为 260mm，年蒸发量达 1800 多毫米。年平均日照 2768h，无霜期为 144d。地带性植被以短花针茅荒漠草原和红砂灌木草原为主，短花针茅分别与蒿类小半灌木、多种强旱生小灌木及杂类草组成各种不同的草地类型。在皋兰县找到的天然"岛状"植被位于皋兰县水阜镇（调查时间：2002 年 7 月 4 日），103°53.435′E，36°18.840′N，采样处平均海拔 1708m。偏北坡为以短花针茅建群的草原，其他坡向为以红砂建群的荒漠草原，主要伴生种为二色补血草等。再往北，偏北坡的植被也由红砂代替，而往南走，偏北坡以外的坡向上短花针茅的成分逐渐增加，说明该地处在短花针茅荒漠化草原向草原荒漠的过渡区。由于该处远离村庄，没有或少有放牧，且长期受到保护，自然草地植被得以保存。本次共采集 5 个样本，采样点的基本地形条件和植被生长状况见表 3-1。

表 3-1　皋兰植被调查采样点基本情况及植被生长状况

样方编号	坡向 /(°)	坡度 /(°)	地貌部位	建群种	平均高度 /cm	植被盖度 /%	生物量 /(g/m²)
皋兰-1	0	26	墚坡下部	短花针茅	50	100	342.5
皋兰-2	0	32	墚坡中部	短花针茅	45	75	257.6
皋兰-3	0	42	墚坡中部	短花针茅	45	70	199.1
皋兰-4	220	24	墚坡中部	红砂	25	35	280.1

样方编号	坡向/(°)	坡度/(°)	地貌部位	建群种	平均高度/cm	植被盖度/%	生物量/(g/m²)
皋兰-5	265	37	墚坡中部	红砂	25	15	237.5

注: 生物量为干物质(下同)。

北坡短花针茅草地高度为40~50cm。在坡度26°、32°、42°时,盖度分别为100%、75%、70%,生物量(干生物量,下同)分别为342.5g/m²、257.6g/m²、199.1g/m²。可见,尽管该地区干旱,但无人为干扰的天然植被,在坡度为42°时植被盖度也能达到70%,坡度20多度时可以达到90%以上。西南坡和西坡,植被类型由北坡的短花针茅变为以红砂为主的群落,植被高度只有25cm,盖度在15%~35%。

3.2 会宁县

会宁县自然条件也十分严酷,十年十旱是会宁县的基本气候特征,年均降水量为370mm,蒸发量高达1800mm,但在会宁县找到的天然"岛状"植被证明,只要保护好,天然植被的盖度也可以达到较高的水平。

在甘肃省会宁县找到的天然"岛状"植被位于会宁县河畔镇草桥关清风寺。清风寺依山而建,寺内至今有僧人守护,寺旁山坡上有一片面积约2500m²的草地,属寺院管护,从未遭到破坏,受保护的"岛状"植被所在的山坡坡向为280°,坡度为41°,位于墚坡中下部,海拔为1633m。被保护的"岛状"植被建群种为短花针茅,伴有小叶锦鸡儿等。"岛状"植被周围放牧山坡植被主要为白叶蒿、冷蒿等,大多以白叶蒿建群。天然短花针茅草地平均高度为40cm,盖度为70%~85%,生物量为252.4g/m²。相邻坡向为290°,坡度为39°。放牧荒坡上的白叶蒿群落高度为40cm,盖度只有20%左右,生物量只有120.6g/m²。由于西坡在夏季日照时间长,属阳坡,可以推断,该区东、南、西、北坡40°左右坡面上的天然植被盖度应不低于60%。

3.3 靖远县

靖远县县城气象站所在地海拔在1275~3017m,多年平均降水量只有239.6mm(1961~2000年),多年平均气温为8.3℃,7月均温为22.3℃,1月均温为-7.2℃。年蒸发量约1700mm,无霜期为165d。靖远县北部地区十分干旱,植被为以红砂、白刺等为优势种,混有多年生禾草和杂类草的荒漠草原。靖远县县城以南的乌兰山为风景名胜区，据调查该地至少 20 年很少放牧，但即使在游人很少去的地方，植被也较稀疏，主要以红砂、白刺为建群种，伴有短花针茅、冷蒿、黄花补血草等。各坡向植被类型和植被盖度相近，盖度变化介于 10%~30%。由于该地区没有灌溉就没有农业，严格来讲已不属农牧交错带，只是为了对比，仅做了生物量样方调查（调查时间 2002 年 7 月 5 日）。采样处位于104°41.352′E，36°33.113′N，海拔为 1549m，坡向为 260°，坡度为 34°，平均盖度为 15%。平均地上干物质为 374.6g/m²。盖度小而生物量大，原因是红砂是一种多年生灌木，干物质中包含以前积累的物质，不全是当年所生产的物质。

3.4 小 结

黄土高原西北典型荒漠化草原区植被以短花针茅草原为主，40°以下坡地植被盖度在 60% 以上，生物量在 199~342g/m²。短花针茅草原以北以红砂灌木草原为主的地区，植被盖度在 35% 以下。

第4章 | 暖温型典型草原区天然植被调查

暖温型典型草原区主要调查了原州区、安定区、西吉县、环县、定边县、准格尔旗六县市。在中国草地资源分区中属于蒙宁甘温带半干旱草原和荒漠草原区，晋西北、鄂尔多斯东部、陕甘宁青黄土高原丘陵草原亚区，宁南、陇东黄土丘陵长芒草、蒿类小区。原州区、西吉县代表完全以长芒草为优势种的暖温型典型草原的典型区域；安定区大部分地区处于长芒草草原区，但中北部则处于长芒草草原与短花针茅草原的过渡区。定边县的部分地区自然地带性植被也属于长芒草草原，但在低湿地、毛乌素沙地则分别以盐生植被和沙生植被黑沙蒿等为优势种。准格尔旗则以长芒草草原、大针茅草原、稀树蒿类草原为主，植被处于暖温型典型草原、中温型典型草原和森林草原三者的过渡地区。由于种种原因，一个地方天然"岛状"植被很少存在于所有的坡向和坡度上。所幸的是，云雾山草原自然保护区是 20 世纪 80 年代初建立的省级自然保护区，至今已有 20 余年，面积达 50km²，也是我国目前唯一的一个暖温型典型干草原的自然保护区，保护区内天然植被分布在各种坡向和不同坡度的山坡上。本章重点叙述原州区自然保护区天然植被的生长状况，然后逐一介绍其他几个县市的天然植被调查结果，虽然在这些县市所找到的"岛状"植被占据的位置不能代表所有的地形情况，但利用地理学的分析方法，通过它们可以判断其所代表的区域在无人干扰或人为干扰较少状况下天然植被的生长情况。

4.1 原 州 区

原州区天然植被调查主要在云雾山草原自然保护区进行。云雾山草原自然保护区是 1982 年建立的，1985 年升级为省级保护区，2013 年升级为国家级保护区。保护区核心区域地理坐标为 106°22′E ～ 106°25′E，36°13′N ～ 36°18′N，海拔为 1800 ～ 2100m。南北长约 6.5km，东西宽约 2.6km，总面积约 17.0km²。保护区属于温带半干旱气候，年均降水量为 411.5mm，年均气温为 5℃，≥0℃积温为 2370 ～ 2882℃，太阳辐射总量为 125kcal/cm²，无霜期为 137d，在植被区划上属我国温带南部草原亚地带的黄土高原中东部草原区。核心区植物种类主要以长芒草（*Stipa bungeana*）为优势种的群落组成，其他种类主要有百里香（*Thymus mongolicus*）、冷蒿（*Artemisia frigida*）、白叶蒿（*Artemisia leucophylla*）、艾蒿（*Artemisia argyi*）、女蒿（*Hippolytia trifida*）、兴安胡枝子（*Lespedeza davurica*）、花苜蓿（*Medicago ruthenica*）、硬质早熟禾（*Poasphondylodes*）、糙隐子草（*Cleistogenes squarrosa*）、委陵菜（*Potentilla chinesis*）、菊叶委陵菜（*Potentilla tanacetifolia*）等。天然土壤为黑垆土或淡黑垆土。

在正东、正南、正西、正北四个坡向上，于坡脚、坡下部、坡中部、坡上部、坡顶选择植被样方，样方大小为1m×1m，共有样方40个，测定植被高度、盖度和生物量。野外工作时间：2002年6月15~22日。各植被样方的地形条件见表4-1。

表 4-1 云雾山天然植被调查样方地形基本情况

样方编号	坡向/（°）	坡度/（°）	地貌部位	建群种
固原-1	西	44	坡中下	长芒草
固原-2	西	35	坡中下	长芒草
固原-3	西	25	坡中部	长芒草
固原-4	西	20	坡中部	长芒草
固原-5	西	18	坡中上	长芒草
固原-6	西	9	坡中上	长芒草
固原-7	西	4	坡顶部	长芒草
固原-8	东	19	坡中部	长芒草
固原-9	西	42	坡中下	长芒草
固原-10	西	5	坡底部	长芒草
固原-11	西	10	坡底部	长芒草
固原-12	南	12	坡底部	长芒草
固原-13	南	25	坡下部	长芒草
固原-14	南	35	坡中下部	长芒草
固原-15	南	24	坡中上部	长芒草
固原-16	东	21	坡中上部	长芒草
固原-17	东	45	坡中下部	长芒草
固原-18	东	30	坡中下部	长芒草
固原-19	北	3	坡底部	长芒草
固原-20	北	25	坡中部	长芒草
固原-21	北	13	坡中上部	长芒草
固原-22	西	33	坡中下部	长芒草

样方编号	坡向/(°)	坡度/(°)	地貌部位	建群种
固原-23	西	41	坡中下部	长芒草
固原-24	西	28	坡中下部	长芒草
固原-25	西	15	坡中部	长芒草
固原-26	西	21	坡中上部	长芒草
固原-27	西	9	坡上部	长芒草
固原-28	西	6	坡顶部	长芒草
固原-29	南	14	坡中下部	长芒草
固原-30	南	30	坡中部	长芒草
固原-31	南	8	坡中下部	长芒草
固原-32	南	16	坡中上部	长芒草
固原-33	南	11	坡上部	长芒草
固原-34	东	12	坡中上部	长芒草
固原-35	东	19	坡上部	长芒草
固原-36	东	21	坡中部	长芒草
固原-37	南	41	坡中下部	长芒草
固原-38	南	43	坡中下部	长芒草
固原-39	北	36	坡中下部	长芒草
固原-40	北	44	坡中下部	长芒草

4.1.1 植被高度

云雾山草原自然保护区核心区的植被主要以长芒草为优势种，植被高度比较均一。40个天然植被样方平均植被高度为42.4cm，最低植被高度为30cm，最高植被高度为60cm，其中70%样方的植被高度在40~45cm。20%的植被样方高度小于40cm，主要分布于墚坡顶部或上部，植被盖度都在90%以上，这可能与墚坡上部风比较大有关。只有10%样方的植被高度大于45cm，主要分布在墚坡底部，主要原因是有些墚坡低水分条件较好。长芒草群落中伴生种白莲蒿等蒿类植物占比较大。坡度的变化对植被高度的影响不明显（表4-2）。坡向对植被高度略有影响，但差别不大，西坡和南坡略低于北坡和东坡（表4-3）。整体看来，研究区植被高度在墚坡顶部略低于其他部位，但并不影响植被盖度。草地植被高度不随坡度变化的原因尚不明确。但推测，该区土壤水分对植被生长影响很大，陡坡土壤水分含量应该相对低于缓坡，但陡坡植被盖度低于缓坡，对土壤水分的消耗低于缓坡，植被高度在一定坡度范围内不会减小。在野外常见到这样的情况，即一些北坡植被盖度很大，但植被高度反而低于植被盖度较低的其他坡向。

表 4-2　植被高度和坡度的关系

坡度级别/（°）	0 ~ 15	15 ~ 25	25 ~ 35	35 ~ 45
植被高度/cm	40	43.4	43.9	43.8

表 4-3　植被高度和坡向的关系

坡向	东坡	南坡	西坡	北坡
植被高度/cm	45.0	43.3	41.0	44.0

4.1.2　植被盖度

图 4-1 为在忽视坡向的情况下，植被盖度随坡度的变化曲线。坡度由 3° 增加到 45°，植被盖度由 100% 下降到 55%，平均植被盖度为 85.5%。大多数样方在坡度 20° 以下时，植被盖度随坡度增加而下降得比较缓慢，坡度大于 20° 时，随坡度的增加植被盖度下降的速度有增加的趋势。

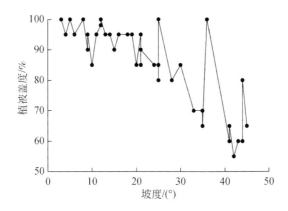

图 4-1　不考虑坡向条件下植被盖度与坡度的关系曲线

当坡度分别小于 15°、20°、25°、30°、35°、45° 时，植被盖度分别在 95%、90%、85%、80%、70%、55% 以上。植被盖度和坡度的关系可用以下二次曲线的形式表示：

$$C=97.08+0.048S-0.018787S^2 \ (n=40, r=0.72) \tag{4-1}$$

式中，C 为植被盖度（％）；S 为坡度（°）。

回归模型计算的植被盖度值与实测植被盖度值较为接近（图 4-2）。在不考虑坡向和地貌部位的情况下，植被盖度和坡度呈现明显二次曲线关系，说明在地形因素中，坡度对植被盖度的变化起主要作用。

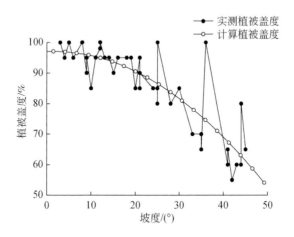

图 4-2　实测植被盖度和计算植被盖度的比较

将坡度分为 0°～15°、15°～25°、25°～35° 和 35°～45°，各坡度级别内的平均植被盖度依次为 95.2％、90.9％、77.1％ 和 68.1％（图 4-3）。

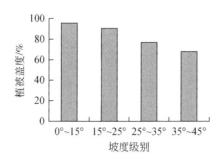

图 4-3　不同坡度级别内平均植被盖度

不同坡向之间，当坡度小于 20° 时，东、南、西、北四个坡向上植被盖度都接近 90% 或大于 90%，不同坡向之间差别不大。当坡度大于 20° 时，植被盖度随坡度的增大而减小，但北坡植被盖度变化平缓，坡度 36° 时，植被盖度还在 90% 以上。其他东、南、西坡植被盖度接近，但东坡植被盖度略高于南坡和西坡（图 4-4 和图 4-5）。东坡坡度在 12°～43° 时，植被盖度在 65%～100%，平均植被盖度为 89.3%。南坡坡度在 11°~43°时，植被盖度变化于 60%~100%，平均植被盖度为 83.9%。西坡坡度在 4°~44°时，植被盖度变化于 55%~100%，平均植被盖度为 82.1%。北坡坡度在 3°~44°时，植被盖度变化于 80%~100%，平均植被盖度为 95%。

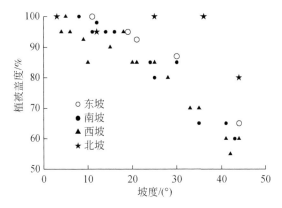

图 4-4　不同坡向植被盖度比较

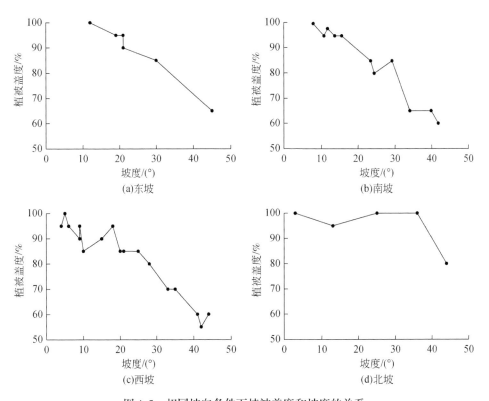

图 4-5　相同坡向条件下植被盖度和坡度的关系

对不同坡向植被盖度进行对比,包括两点:一是不同坡向植被盖度在60%、80%和90%以上时对应的坡度;二是各坡向在坡度级别0°~15°、15°~25°、25°~35°、35°~45°内的平均植被盖度。植被盖度60%、80%和90%时,分别可以最少减少土壤侵蚀量的70%、80%和90%(贾绍凤,1995)。0°~15°、15°~25°、25°~35°、35°~45°是黄土高原常见的坡度分级等级。表4-4为东、南、西、北坡向上植被盖度分别为60%、80%、90%时对应的坡度。植被盖度达到60%所要求的坡度,东、南、西坡之间各相差1°,植被盖度分别达到80%和90%时,南坡和西坡要求的坡度均比东坡小。北坡当坡度在44°时,植被盖度还可以达到80%。

表4-4 各坡向植被盖度对应的坡度值的比较

植被盖度/%	对应坡度/(°)			
	东	南	西	北
60	43	42	41	—
80	33	30	29	44
90	25	20	19	36

各坡向在坡度级别0°~15°、15°~25°、25°~35°、35°~45°内的平均植被盖度,北坡明显高于其他坡向,东坡高于南坡和西坡(图4-6)。具体来说,坡度在0°~15°时,东、南、西、北坡的平均植被盖度分别为100%、97.0%、92.9%、100%,坡度在15°~25°时,植被盖度分别为93.8%、86.7%、87.5%、100%,坡度在25°~35°时,植被盖度分别为85.0%、75.0%、73.3%、100%,坡度在35°~45°时,植被盖度分别为65.0%、62.5%、58.3%、80.0%。

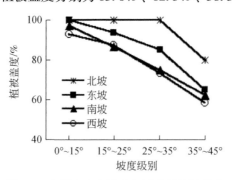

图4-6 各坡向在各坡度级别内的植被盖度

不同坡向植被盖度不同的主要原因是不同的坡向,太阳辐射不同导致植被生长的水热条件不同。北坡接收太阳辐射最少,土壤和空气湿度最大。西坡夏季自中午开始,直至下午7时后,太阳照射的时数比南坡还要多,导致水分条件最差(详见第7章)。

4.1.3　生物量

生物量也随坡度的增加而递减(图4-7),但波动比植被盖度与坡度的关系略大。3°~45°的坡度范围内,生物量由375.2g/m² 降为177.2g/m²,平均值为280.4g/m²。生物量与坡度的关系可用线性关系表示:

$$B = 350.56 - 3.2S(n=40, r=-0.71) \tag{4-2}$$

式中,B 为生物量;S 为坡度。

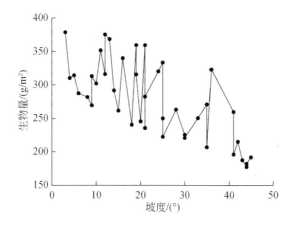

图4-7　不考虑坡向情况下植被生物量与坡度的关系

各坡度级别 0°~15°、15°~25°、25°~35°、35°~45°平均生物量分别为315.8g/m²、298.3g/m²、237.2g/m²、216.4g/m²(图4-8)。

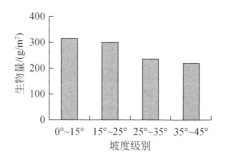

图4-8　不同坡度级别生物量

不同坡向之间的生物量，与植被盖度相似，北坡生物量高于其他坡向，且随坡度变化较为平缓（图 4-9）。东坡生物量由 12° 时的 310.8g/m² 降为 43° 的 191.6g/m²，平均值为 305.2g/m²，坡度 20° 以下时，生物量稳定超过 300g/m²。南坡生物量由 11° 时的 368.7g/m² 降为 43° 的 187.3g/m²，平均值为 285.3g/m²。西坡生物量由 4° ~ 10° 时的平均值 300g/m² 左右降到 44° 的 182.0g/m²，平均值为 256.4g/m²，绝大部分坡度范围内生物量在 200 ~ 280g/m²，只有当坡度小于 10° 左右时，生物量才超过 300g/m²；北坡在 3° ~ 36°，生物量变化平缓，并皆大于 300g/m²，平均生物量为 350.9g/m²，44° 时，下降为 177.2g/m²。

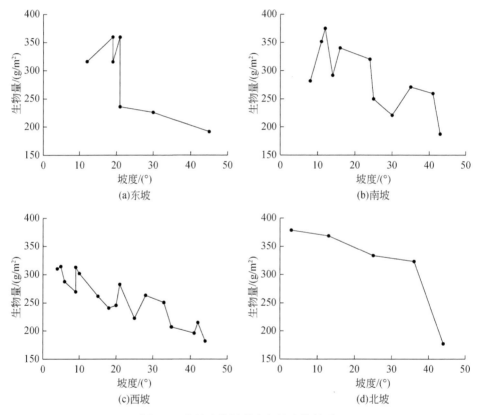

图 4-9　各坡向植被盖度与坡度的关系

在坡度段 0° ~ 15° 内的平均生物量，东、南、西、北坡分别为 315.9g/m²、325.1g/m²、294.4g/m²、373.6g/m²，15° ~ 25° 分别为 317.4g/m²、303.4g/m²、247.7g/m²、333.5g/m²，25° ~ 35° 分别为 225.6g/m²、245.9g/m²、240.2g/m²、323.0g/m²，35° ~ 45° 分别为 191.6g/m²、223.4g/m²、197.6g/m²、250.1g/m²（图 4-10）。

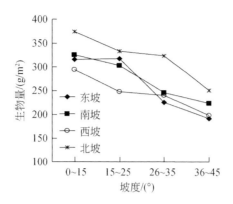

图 4-10　不同坡度级别平均生物量

4.1.4　植被盖度与生物量的关系

植被盖度与生物量之间有着正相关关系（图 4-11），二者的关系可用线性式 [$B=4.26+3.2C$（$n=40$，$r=0.75$），B 为生物量；C 为植被盖度] 表示。但通过植被盖度和生物量互相预测误差较大。

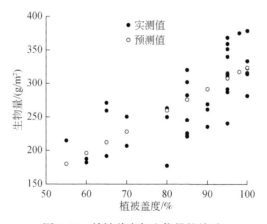

图 4-11　植被盖度与生物量的关系

4.1.5　地貌部位对植被盖度和生物量的影响

研究区地貌属于黄土高原长墚丘陵区，没有沟间地和沟谷地之分。地貌部位主要分为坡顶部、坡上部、坡中部、坡下部和坡底部几部分。在这几个地貌部

位,坡度相近的样点不多。从本次野外观测的结果看,在无人干扰的情况下,地
貌部位对天然植被盖度的影响较小,对生物量有一定影响,但其影响程度远远小
于坡度、坡向的影响(表4-5),而且规律性不强,只是坡底部的生物量稍高于
其他部位。例如,19°东坡墚坡顶部和底部的植被盖度皆为95%,生物量分别为
315.4g/m²和359.4g/m²,11°~12°南坡墚坡上部和底部植被盖度也很接近,墚坡
坡底生物量稍高于上部。

表4-5　不同地貌部位植被盖度和生物量比较

坡向	坡度/(°)	植被盖度/%					生物量/(g/m²)				
		坡顶部	坡上部	坡中部	坡下部	坡底部	坡顶部	坡上部	坡中部	坡下部	坡底部
东	19	95				95	315.4				359.4
东	21		95		90			359.2		235.6	
南	11~12		95			95		351.6			375.2
南	24~25		85		80			320.1		250.0	
西	5~6	95				100	287.4				314.2
西	9~10		95	90		85		313.0	269.5		302.0
西	20~21		85			85		282.5			245.4

地貌部位对植被盖度和生物量影响较小的原因主要是,该地区黄土母质深
厚,地下水不参与土壤与植被的水分循环,坡顶部、坡上部、坡中部、坡下部和
坡底部的土壤水分条件相差不大。另外,当坡度较小时,不同地貌部位的植被盖
度和生物量都较高,显现不出地貌部位对盖度和生物量的影响。而陡坡一般所处
的地貌部位相似。

4.2　安　定　区

安定区周围东西山为水土保持封山育林区,封山达30余年之久。封山区天
然植被以短花针茅(*Stipa breviflora*)为优势种,伴生种有长芒草、白莲蒿、冷
蒿、狭叶锦鸡儿、甘蒙锦鸡儿(*Caragana opulens*)等。安定区气候属温带半干
旱大陆性气候,多年平均降水量为425.1mm,年平均气温为6.3℃,≥10℃积温
为2239.0℃,干燥度为1.97,为黄土高原典型半干旱区。地貌为黄土长墚丘陵
区。采样点约位于104°35.962′E,35°34.298′N,平均海拔为1945m。植被调查
时间为2002年7月6~9日。

受保护范围的限制,在安定区找到的天然"岛状"植被主要分布于东、南、

西坡上，北坡较少，测得天然"岛状"植被样方 14 个，其中偏东、偏南坡各采样 4 个，偏西、偏北坡各 3 个。各样方的具体地形条件见表 4-6。

表 4-6 安定区天然"岛状"植被调查点地形条件

编号	坡向/(°)	坡度/(°)	地貌部位	建群种
定西-1	75	6	墚坡中下部	短花针茅
定西-2	75	31	墚坡中下部	短花针茅
定西-3	75	42	墚坡中下部	短花针茅
定西-4	110	24	墚坡中下部	短花针茅
定西-5	50	32	墚坡中下部	短花针茅+白莲蒿
定西-6	30	45	墚坡中下部	短花针茅
定西-8	35	31	墚坡中部	短花针茅
定西-9	200	35	墚坡中下部	短花针茅
定西-10	165	44	墚坡中下部	短花针茅
定西-11	265	36	墚坡中下部	短花针茅
定西-12	195	27	墚坡中部	短花针茅
定西-13	180	31	墚坡中部	短花针茅
定西-14	250	26	墚坡中部	短花针茅
定西-15	275	40	墚坡中部	短花针茅

4.2.1 植被高度

安定区草高与地形坡向和坡度的关系不明显，14 个天然"岛状"植被样方平均群落高度为 43cm，86% 的样方高度在 40~45cm，与云雾山的长芒草草原高度接近。

4.2.2 植被盖度和生物量

安定区所测天然植被的坡度变化于 6°~45°，植被盖度变化于 50%~100%，平均值为 80.5%，生物量本变化于 133.4~416.2g/m²，平均值为 284.3g/m²。图 4-12 为不考虑坡向情况下安定区植被盖度和生物量与坡度的关系曲线。受地形条件的限制，小于20°坡的样点很少，但由图4-12还是可以看出，天然"岛状"植被的盖度随坡度的增加而递减。坡度在25°以下时，植被盖度在80%以上；坡度在25°~35°时，植被盖度在70%以上；坡度在35°~45°时，盖度在50%以上。这几个临界坡度对应的植被盖度与原州区长芒草草原很接近。

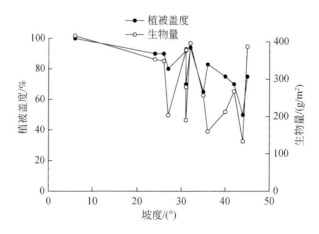

图4-12　不考虑坡向情况下安定区植被盖度和生物量与坡度的关系曲线

生物量随坡度的增加也有递减趋势，但波动较大。原因主要与样方内植被类型构成的差异有关，如有些样方内有较多的锦鸡儿个体时，其干物质就增大。

不同坡向之间，东坡坡度变化于6°~42°，植被盖度在70%~100%，生物量在235.6~360.6g/m²；南坡坡度在27°~44°，植被盖度在50%~80%，生物量变化于116.8~223.4g/m²；西坡坡度在26°~40°，植被盖度在70%~90%，生物量变化于185.7~304.3g/m²；北坡坡度在31°~45°，植被盖度在65%~90%，生物量变化于240.8~339.7g/m²（图4-13）。

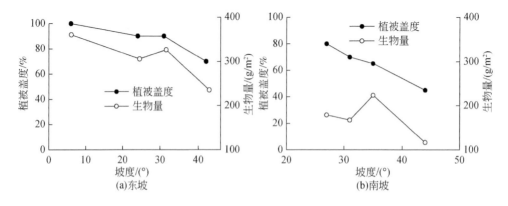

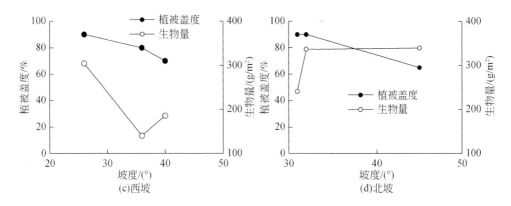

图4-13　安定区不同坡向天然植被盖度和生物量随坡度的变化曲线

坡向对植被盖度和生物量虽然有一定影响，但没有坡度对植被盖度和生物量的影响大。图4-14为安定区植被盖度和生物量随坡向和坡度变化趋势曲线图。图中等直线分别代表植被盖度和生物量。可以看出以下几个特点：第一，坡度在30°以下时，曲线较疏，30°以上时曲线较密。说明在30°以下的坡面，植被盖度和生物量变化小，坡度大于30°后，植被盖度随坡度的增加而迅速降低。第二，植被盖度和生物量曲线与坡度梯度相交，而很少与坡向梯度相交，证明坡度对植被盖度和生物量的影响程度大于坡向。但是，植被盖度和生物量曲线并不是与坡度梯度垂直，说明坡向对植被盖度和生物量也有影响。第三，相同植被盖度和生物量，南坡要求更小的坡度，西坡次之。

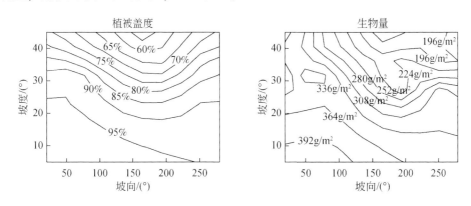

图4-14　安定区植被盖度和生物量随坡向和坡度变化趋势曲线图

总之，随着坡度的递增和坡向由阴坡（北坡）向阳坡（南坡、西坡）的转变，天然植被盖度和生物量逐渐减小。偏北、偏东和偏西坡坡度在40°～45°时，其植被盖度皆在60%以上。南坡在44°时，盖度为50%；坡度35°时，植被盖度可达65%以上。偏北坡和偏东坡在坡度30°左右时，盖度可达90%以上；偏南坡和偏西坡在坡度30°左右时，植被盖度可接近或超过80%。

与云雾山长芒草草原一样，安定区短花针茅草原植被盖度和生物量也有比较高的线性正相关关系。当植被盖度在40%~100%时，二者关系也可以用如式 $B = 3.57 \times C - 32.05$（$n = 14$，$r = 0.65$，$B$ 为生物量，C 为植被盖度）的线性关系式描述。

4.3 西　吉　县

西吉县位于宁夏回族自治区南部黄土长墚丘陵区，地带性植被为典型长芒草草原。通过对西吉县马建乡八个保护完好的1~30年墓地植被考察，该区天然植被从农地开始，最多经过10年就演化为长芒草群落，由于墓地坡度都在15°以下，所以除1~3年的墓地人为践踏使植被盖度较低外，其余植被盖度都在90%以上。

西吉县马建乡黄家二岔小流域是国家"七五"科技攻关项目"黄土高原小流域综合治理"示范小流域之一。小流域内有一已经禁牧12年的山坡，坡度均一，在20°~25°，植被以长芒草建群，盖度都在85%以上。只测了一个植被样方，坡向135°，坡度22°，平均植被高度为40cm，盖度和生物量分别为95%和308.7g/m²。另外，在西吉县马建乡还调查了季节性放牧条件下植被的生长状况（见4.7节）。

4.4 环　　县

环县县城所在地多年平均降水量为433.0mm（1961~2000年），但全县境内，最南端邻接庆阳市部分年降水量达500mm，向北逐渐下降，最北端邻接宁夏盐池县的甜水镇，降至250mm。县城所在地年均温为8.6℃，1月均温为−3.9℃，7月均温为22.2℃，≥10℃积温为3047.2℃，无霜期为151d。全县年均温由南端的9℃降为最北端的7℃。县域海拔在1303~1907m。由于气候上的过渡性，植被由南到北过渡明显，由南部森林草原区，向北到中部典型草原（长芒草草原）过渡到北部的短花针茅、甘草、冷蒿、沙芦草和柠条锦鸡儿灌丛等荒漠化草原。由于长期过度放牧，天然植被遭到严重破坏。森林草原区仅见零星分布的白羊草草地和灌木（白刺花、灌木铁线莲、三裂绣线菊、丁香等），大部分以蒿类为优势种，其间伴有胡枝子。中部典型草原退化严重，已很难找到成片的长芒草草原，常以蒿类、星毛委陵菜、百里香为优势种，而长芒草则退居成次要优势种。

中部典型草原是占环县面积最大的草场,但由于水土流失严重,大部分地区变成"山童水劣"的面貌。这里几乎没有人为干扰较少的草地。所幸的是,找到了一个禁牧16年墓地和一户人家长期围栏但秋后割草的两块样地,对植被高度和盖度做了测定。地点在环县南小河乡,地理坐标为106°41.208′E,36°35.501′N,海拔1930m。从该县多年平均降水量可知,南小河乡多年平均降水量约为400mm。表4-7为禁牧16年墓地和围栏秋后割草草地植被生长状况和放牧荒坡的对比。

表4-7　环县禁牧16年墓地和围栏秋后割草草地植被生长状况与放牧荒坡的对比

编号	坡向 /(°)	坡度 /(°)	地貌部位	建群种	存在原因	植被高度 /cm	植被盖度 /%
环县-1	70	14	墚坡中部	长芒草	禁牧16年墓地	45	100
环县-2	70	37	墚坡中下部	长芒草	禁牧割草	45	75
放牧荒坡	60	14	墚坡中部	长芒草	放牧	12	30

16年墓地的草地已恢复为地带性的长芒草草地,植被盖度达100%。37°的坡上,在秋季割草的情况下,植被盖度可达75%。虽然这两个样地的坡向皆为东偏北坡,但据观察,该区放牧条件下不同坡向的植被类型基本一样,不同坡向上一些羊不能到达的边角地植被类型也基本一样。另外,根据云雾山(年降水量411.5mm)不同坡向植被的分布情况,该区坡向的变化不可能改变植被类型,南坡、西坡上也应该有较高的植被盖度。

4.5　定　边　县

定边县与甘肃、宁夏、内蒙古三省(自治区)接壤,也是农牧交错带北部边缘地区,在地形和植被上都具典型的过渡特点。境内白玉山以南属黄土高原丘陵沟壑区,白玉山以北的高台地是黄土高原与鄂尔多斯沙漠草滩的过渡地区。定边县年均降水量为315mm,年均温为7.9℃,1月均温为-8.8℃,7月均温为22.4℃,≥10℃积温为3194℃,无霜期约120d。白玉山以南主要为长芒草+白叶蒿、长芒草+白莲蒿草原,白玉山以北的高平原黄土区,由于强烈放牧,草原主要以冷蒿、茵陈蒿等建群,但在零星分布的放牧不太强烈的地方,也能看到以长芒草为优势种或长芒草为次优势种的草地。高原台地黄土区往北,为风沙草滩区,植被以沙生或盐生为主。

本次主要调查白玉山以北黄土台地的植被状况,调查时间为2002年8月6日。由于人类生产活动,很难找到人为干扰较少的天然"岛状"植被。只在定边县郝滩镇发现了一个生长茂密的天然草地墓地，地理坐标为 107°36.153′E，37°38.890′N。植被以长芒草建群，草高为 40 ~ 50cm，盖度为 90%，生物量为 425.7g/m²。另外，作为对比，在附近测了一个放牧条件下的草地样方，该样方以冷蒿建群，草高为 10cm，盖度为 50%，生物量为 148.2g/m²。

4.6 准 格 尔 旗

准格尔旗位于黄土高原西北端，鄂尔多斯高原东部，属黄土高原重点产沙区，黄甫川流域上游地区。地貌为黄土丘陵沟壑和砒砂岩丘陵沟壑区，海拔 820 ~ 1585m。多年平均降水量为 393mm，多年平均气温为 7.3℃，1 月平均气温为 -12.3℃，7 月平均气温为 22℃。无霜期为 136 ~ 156d。

准格尔旗在植物区系上具有明显的过渡性质。表现为在人为干扰较少情况下，属于暖温型典型草原的长芒草+百里香群落、中温型典型草原区的大针茅群落和森林草原的稀疏乔木+蒿草草原三者共同存在。

准格尔旗的植被调查主要在海子塔村的水土保持封山育林区和纳日松镇的阿贵庙天然林保护区进行。准格尔旗皇甫川流域水土保持试验站位于海子塔村，试验站周围有 30 余年的人工油松林和白杨林，林带之间和林子边缘受保护的地方，天然草地得以保存。阿贵庙位于旗境西南，保护区内有天然次生林 2000 余亩（1 亩≈666.67m²），是鄂尔多斯古陆原始植被区。保护区内乔木林阳坡主要为杜松，阴坡主要为油松，但杜松、油松都比较稀疏，其间有丁香、白杜、千里光、铁海棠、山桃、榛、山杏等灌木。保护区内也有大量的长芒草、大针茅、白莲蒿+白叶蒿草地分布，在地面土层较薄的地方，还分布有短花针茅草地。准格尔旗植被调查结果见表4-8。其中，在海子塔调查了三个样方，包括两个大针茅群落和 1 个长芒草群落；在阿贵庙做了 7 个样方，包括两个短花针茅群落、1 个长芒草群落、1 个大针茅群落、3 个白叶蒿+白莲蒿群落。调查时间为 2002 年 8 月 14 日。

由表4-8 可以看出，在三种针茅群落中，处于西南坡（210°）大针茅草地的植被高度和生物量高于相同坡向的长芒草和东南坡（150°）的短花针茅群落，说明大针茅的高度和生物量在三者之中是最大的，但植被盖度却相差不大。长芒草和短花针茅没有可比的坡向进行比较，不同坡向下，长芒草和短花针茅草地的植被高度也相差不大，但长芒草的植被盖度稍大于短花针茅，原因是短花针茅所在地貌部位土层厚度较薄。总之，三种植被群落的盖度都大于80%，对控制水土流失来说，这样的植被盖度都在有效盖度之上。白叶蒿、白莲蒿群落的植被高度在 60 ~ 70cm，南坡 44° 条件下的植被盖度为 60%，28° 时可达 95%，9° 时为 100%。

表 4-8　准格尔旗植被调查点地形与植被生长状况

编号	坡向 /(°)	坡度 /(°)	地貌部位	建群种	伴生种	植被高度/cm	植被盖度 /%	生物量 /(g/m²)
海子塔-1	210	14	塬坡中上部	大针茅	白莲蒿、隐子草、长芒草、胡枝子	70	90	465.0
海子塔-2	210	6	塬坡中上部	大针茅	隐子草、长芒草、胡枝子	70	95	498.1
海子塔-3	210	10	塬坡中上部	长芒草		45	100	292.1
阿贵庙-1	150	14	塬坡上部	短花针茅		45	80	276.0
阿贵庙-2	285	13	塬坡上部	短花针茅	白叶蒿、隐子草	45	90	460.5
阿贵庙-3	45	15	塬坡上部	长芒草	大针茅、隐子草	50	100	444.3
阿贵庙-4	45	10	塬坡上部	大针茅		80	100	637.9
阿贵庙-5	170	44	沟坡中上部	白叶蒿	胡枝子、长芒草、隐子草	70	60	634.6
阿贵庙-6	170	28	沟坡中部	白叶蒿	白莲蒿等	70	95	680.0
阿贵庙-7	170	9	沟坡中下部	白莲蒿	白叶蒿等	60	100	533.3

4.7　不同放牧强度条件下天然植被的植被盖度和生物量

为了更加全面地了解无人为干扰或人为干扰较少情况下天然植被的生长状况，本次野外工作还调查了暖温型典型草原区两种不同放牧强度下天然植被的生长状况。第一种情况是季节性放牧，特指位于农田中间的空地，在作物生长期间，牛羊不能进入，只能等到作物收割后，才能进入，虽名义上禁牧，但有时放牧；第二种情况是正常放牧，没有时间限制。

表 4-9 为西吉县马建乡季节性放牧条件下植被生长状况调查结果。在季节性放牧条件下，群落的优势种不会发生改变，还是地带性植被类型，而经常性放牧条件下植被建群种主要由退化植被组成。如果不考虑坡度和坡向情况，7 个样方植被高度在 30~50cm，平均植被高度为 41.4cm，植被盖度在 50%~70%，平均植被盖度为 58.6%，生物量在 116.7~251.1g/m²，平均为 177.0g/m²。由表 4-9 还可以看出，季节放牧条件下的植被生长状况与地形条件的关系不密切。

表 4-9 西吉县马建乡季节放牧条件下植被生长状况调查结果

编号	坡向/(°)	坡度/(°)	地貌部位	小地形	建群种	主要伴生种	存在原因	植被高度/cm	植被盖度/%	生物量/(g/m²)
马建-1	95	39	长墚中上部	隔坡梯田埂（3m）	长芒草		封12年，但有时放牧	35	55	152.7
马建-2	140	36	长墚中上部	田埂	长芒草		农地中间，季节放牧	50	50	116.7
马建-3	150	36	长墚中上部	隔坡梯田埂（3m）	长芒草	狗娃花、白叶蒿、星毛委陵菜、百里香、胡枝子、赖草等	封12年，但有时放牧	40	70	155.3
马建-4	220	15	长墚中上部	坡地田埂	长芒草		柠条林迹地，季节放牧	30	50	200.3
马建-5	240	37	长墚中上部	田埂	长芒草		农地中间，季节放牧	50	65	200.8
马建-6	240	42	长墚中上部	田埂	长芒草		农地中间，季节放牧	45	50	251.1
马建-7	250	35	长墚中上部	田埂	长芒草		农地中间，季节放牧	40	70	162.0

  表 4-10 为西吉县、安定区、原州区在正常放牧情况下的植被生长状况。由表可以看出，在无时间限制的放牧条件下，群落无明显的建群种，植被高度、植被盖度和生物量都很低。绝大多样方植被高度在 10cm 以下，植被盖度在 35% 以下，生物量在 100g/m² 以下。原州区由于天然放牧草场面积较大，放牧强度没有西吉县和安定区强，所以大多样方植被盖度在 25%~35%，但最高不超过 45%。与季节性放牧条件下植被相比，植被高度、植被盖度和生物量大大提高。

表 4-10 放牧条件下植被生长情况

编号	地貌部位	坡向/(°)	坡度/(°)	建群种	植被高度/cm	植被盖度/%	鲜草重/(g/m²)	生物量/(g/m²)
马建-8	长墚中部	185	33	沙蓬、茵陈蒿、长芒草、百里香、骆驼蓬等	8	10	120.8	38.7
定西-16	墚坡中部	80	29	本氏针毛、百里香、冷蒿、星毛委陵菜	3	10	108.5	74.1

续表

编号	地貌部位	坡向/(°)	坡度/(°)	建群种	植被高度/cm	植被盖度/%	鲜草重/(g/m²)	生物量/(g/m²)
固原-41	墚坡中上部	北	11		7	25	208.0	68.8
固原-42	墚坡中上部	西	12		5	45	225.2	74.2
固原-43	墚坡下部	西	34	长芒草、冷蒿、白莲蒿、星毛委陵菜、百里香、狼毒等	6	15	135.6	57.8
固原-44	墚坡中下部	南	41		7	25	238.2	80.7
固原-45	墚坡中下部	北	39		15	35	346.0	139.9
固原-46	墚坡中部	北	21		8	30	205.5	65.3
固原-47	墚坡中上部	北	11		5	30	235.7	66.0

4.8 小　　结

在北方农牧交错带中温型草原带，重点调查了原州区、西吉县、安定区、环县、定边县和准格尔旗六县（区、旗）天然"岛状"植被的生长状况。安定区为长芒草草原向荒漠化短花针茅草原的过渡区。西吉县、固原市、环县和定边县天然地带性植被以暖温型典型草原长芒草为建群种或优势种，建群种不以坡向的改变而改变。准格尔旗则处于黄土高原长芒草草原、森林草原和内蒙古高原大针茅草原的过渡区，长芒草与大针茅群落交替出现。无论是短花针茅草原还是长芒草草原，在无人干扰或人为干扰较少情况下，天然植被的高度都在30~60cm，绝大多数在40~45cm，平均值为43cm。植被盖度和生物量随坡度的增大而减小，但所有调查县当坡度小于20°时，天然植被盖度一般大于90%，生物量在250g/m²以上。当坡度大于20°后，植被盖度和生物量随坡度的增大明显降低，但当坡度在40°~45°时，植被盖度也都在50%以上，生物量在100g/m²以上。不同坡向之间，北坡植被盖度大于其他坡向，且变化比较平缓。坡向对植被盖度和生物量的影响程度小于坡度。

云雾山草原自然保护区天然草地坡度在3°~45°，平均植被盖度和生物量分别为85.5%和280.4g/m²。在不考虑坡向的条件下，当坡度分别小于15°、25°、35°、45°时，植被盖度分别在95%、85%、70%和55%以上。植被盖度60%、80%和90%对应的坡度分别约为41°、30°、20°。在坡度级别0°~15°、15°~25°、25°~35°和35°~45°内，平均的植被盖度依次为95.2%、90.9%、77.1%和68.1%，生物量分别为315.8g/m²、298.3g/m²、237.2g/m²和216.4g/m²。在分坡向的情况下，北坡植被盖度大于其他坡向。北坡当坡度44°时，植被盖度还在 80% 以上, 36° 时, 植被盖度还在 90% 以上。植被盖度达 60% 对应的坡度, 东、南、西坡分别为 43°、42°、41°, 对应 80% 植被盖度的坡度分别为 33°、30°、29°, 对应 90% 植被盖度的坡度分别约为 25°、20°、19°。东、南、西、北坡在坡度 0°~15° 级别内的平均植被盖度依次为 100.0%、97.0%、92.9%、100.0%, 平均生物量分别为 315.9g/m²、325.1g/m²、294.4g/m²、373.6g/m²; 在坡度级别 15°~25° 内平均植被盖度依次为 93.8%、86.7%、87.5%、100.0%, 生物量依次为 317.4g/m²、303.4g/m²、247.7g/m²、333.5g/m²; 在坡度 25°~35° 平均植被盖度依次为 85.0%、75.0%、73.3%、100.0%, 生物量依次为 225.6g/m²、245.9g/m²、240.2g/m²、323.0g/m²; 在坡度 35°~45° 的平均植被盖度依次为 65.0%、62.5%、58.3%、80.0%, 生物量依次为 191.6g/m²、223.4g/m²、197.6g/m²、250.1g/m²。

以短花针茅为优势种的安定区天然草地, 所测天然草地样方的坡度变化于 6°~45°, 植被盖度变化于 50%~100%, 平均值为 80.5%, 生物量变化于 133.4~416.2g/m², 平均值为 284.3g/m²。当坡度小于 25° 时, 不管坡向如何, 植被盖度都在 80% 以上; 坡度在 25°~35° 时, 植被盖度在 70% 以上; 坡度在 35°~45° 时, 植被盖度在 50% 以上。

准格尔旗白叶蒿、白莲蒿群落和大针茅群落的生物量高于长芒草群落和短花针茅群落, 但除东南坡的短花针茅因土层较薄, 植被盖度为 80% 外, 其余群落类型 20° 以下坡地植被盖度都大于 90%。44° 南坡上白叶蒿群落植被盖度可达 60%。

研究区天然草地在秋季季节性放牧情况下, 植物群落的建群种仍为地带性天然植被, 但植被盖度和生物量大大减小, 植被盖度在 50%~70%, 生物量在 116.7~251.1g/m², 而且植被盖度和生物量不随坡度的变化而变化。在经常放牧情况下, 植被退化, 植物群落组成发生变化, 植被盖度一般在 35% 以下, 生物量一般在 100g/m² 以下。

第5章 森林草原区天然植被调查

森林草原区选择了康乐县、泾川县、富县、西峰区、安塞区、吴起县、绥德县和岚县八县（区）。其中，康乐县、泾川县、富县、岚县为农牧交错带黄土高原部分的南部和东部边缘，处于森林草原向落叶阔叶林的过渡地区，四县部分地区天然植被为落叶阔叶林，本次对该四县植被调查只是考察性质。西峰区是黄土高原沟壑区的代表。安塞区、吴起县、绥德县三县（区）地处黄土高原丘陵沟壑区，地形破碎，土壤侵蚀严重，是本次野外植被调查的重点县（区）。该区域天然植被几乎全遭破坏，但一些水土保持小流域，有的已禁牧达20余年，天然草地植被可以代表当地稳定的地带性天然植被。

5.1 康　乐　县

康乐县的部分地区在植被分区上为落叶阔叶林区，在无人破毁或人为干扰较少条件下的植被为落叶阔叶林。本次野外调查对该县只是考察性质，主要目的是对农牧交错带植被的分布状况形成比较完整的概念。康乐县位于黄河一级支流洮河的下游，全县大部分地区处于黄土高原沟壑区，地势西南高，东北低。西南边缘为陇南山地秦岭西延部分，呈西北东南方向，主要山脉有莲花山、白石山、尖石山、保儿子山等，洮河从这些山脉谷地进入黄土丘陵沟壑区。这些东北—西南分布的山脉，是黄土高原的西南界限，也是北方农牧交错带的西南边缘地带。康乐县多年平均降水量为546mm，年均温为6.3℃，7月气温为17.4℃，气候比较温凉。县南部接近秦岭西延山脉黄土母质的低山丘陵地区（海拔2000～2400m），植被出现由森林草原向落叶阔叶林过渡的特征，但遭人类破坏较严重。在保护比较完好的阴坡半阴坡多为落叶阔叶林植被，40°以下坡面植被盖度都在80%以上，主要由山杨（*Populus davidiana*）、白桦（*Betula platyphylla*）、红桦（*Betula albosinensis*）、糙皮桦（*Betula utilis*）和辽东栎（*Quercus liaotungensis*）组成，灌木层主要由杜鹃（*Rhododendron simsii*）、毛榛（*Corylus mandshurica*）、虎榛子（*Ostryopsis davidiana*）、甘肃小檗（*Berberis kansuensis*）、水栒子（*Cotoneaster multiflorus*）、黄蔷薇（*Rosa hugonis*）、金露梅（*Potentilla fruticosa*）等组成。阔叶林白桦的胸径为10～14cm，平均树高为3～8m，郁闭度在0.6以上。黄土母质上的灌木林高度为0.5~1.5m，植被盖度在90%以上。林地中草本层主要为薹草、糙苏等，高度为10~30cm，也有白叶蒿、白莲蒿，高度可达1.2m，地面有1~2cm的枯枝落叶层，植被盖度可达90%~100%。林地破毁后恢复的次生林主要由白桦、山杨、杜梨、山桃、沙棘等组成。林间空地分布有长芒草、甘青针茅（*Stipa przewalskyi*）等。但在放牧比较强烈的阳坡上，则主要以白叶蒿建群。表5-1是对康乐县莲麓镇（103°44.583′E，35°00.897′N，海拔2131m）放牧荒坡（非保护）和林缘（保护）长芒草群落调查结果。

表5-1   康乐县保护与非保护草地的生长状况

编号	坡向/(°)	坡度/(°)	地貌部位	建群种	保护情况	平均高度/cm	植被盖度/%	干草重/(g/m²)
康乐-1	180	26	墚坡中部	白叶蒿	放牧	45	75~80	258.8
康乐-2	180	40	墚坡中部	白叶蒿	放牧	45	60~65	299.1
康乐-3	275	33	墚坡中上部	长芒草	保护	90	95	296.9

在西坡33°林缘坡地上的长芒草草地，草高可达90cm，植被盖度为95%。长芒草的高度高于典型草原区长芒草的高度。在放牧的南坡上，白叶蒿草地的植被盖度在40°的坡地上可达60%~65%，在26°的坡地上可达75%~80%，虽然植被盖度低于人为干扰较少情况下的林缘草地，但高于典型草原区放牧荒坡的植被盖度。

5.2 泾 川 县

泾川县位于甘肃省平凉地区东部，东南与陕西省长武县接壤。地貌以墚峁丘陵、破碎塬和河谷川地为主。泾川县多年平均降水量为553.4mm，平均气温为100℃，无霜期为174d，也处于森林草原向落叶阔叶林的过渡地区。天然"岛状"植被在泾川县城西1.5km的回中山西王母宫附近，107°20.667′E，107°20.667′N，海拔为1135m。回中山山势陡峻，但植被茂盛，主要由油松、侧柏、山杨、山杏、臭椿等乔木及榛、丁香、酸枣、白刺花、甘肃小檗、黄刺玫等灌木组成，林中及林缘附近的草本植被主要以白莲蒿、白叶蒿建群，也伴有黄背草、羊草等。天然林郁闭度可达0.6~0.8，林下有1~1.5cm的枯枝落叶层，植被盖度在40°以下的山坡上都接近100%。在阳坡立地条件干旱的局部地方，也见以长芒草为优势种的草地，但长芒草只是偶尔可见。为了与森林草原区典型黄土丘陵沟壑区的植被和土壤水分进行对比，在泾川县调查了一个白莲蒿+白叶蒿群落样方，调查时间为2002年7月20日。调查样方坡向为276°，坡度为28°，植被高度为1.2m，鲜草重为2253.8g/m²，干草重为1262.1g/m²。对样方0~9m土壤水分也进行了测定。

5.3 西 峰 区

西峰区位于黄土高原著名的董志塬，地貌属于黄土高原沟壑区，分塬面和沟坡两大地貌单元。塬面上全为农田，沟坡上人为干扰也较强烈。本次野外调查，主要在南小河水土保持综合治理试验小流域内进行。地理坐标为35°42.642′N，107°33.550′E，海拔为1359m。调查时间为2002年7月21日。植被为典型的森林草原区。草地植被优势种分为两层：第一层为白叶蒿、白莲蒿；第二层为白羊草。在一些较干旱的阳坡上，也可见以长芒草为建群种或优势种的植被群落。表5-2为西峰区天然植被调查情况。沟坡上所测植被样方坡度变化于33°~42°，植被高度变化于55~75cm，植被盖度都在90%以上。西南坡长芒草+白叶蒿群落植被盖度稍低，其他西坡、东南坡的植被盖度都在95%以上。生物量偏北坡的白莲蒿+杂草最小，因为偏北坡相对比较阴湿，杂草丛生，植被高度最低，植被水分含量高，干物质相对较少。

表5-2 西峰区天然植被调查情况

样方编号	坡向/(°)	坡度/(°)	地貌部位	建群种	植被高度/cm	植被盖度/%	生物量/(g/m²)
西峰-1	240	39	沟坡中上部	长芒草+白叶蒿	75	90	391.3
西峰-2	271	33	沟坡中部	白羊草+白叶蒿	65	95	415.5
西峰-3	210	36	沟坡中下部	白羊草+白叶蒿	65	100	417.3
西峰-4	35	42	沟坡中部	白莲蒿+杂草	55	95	380.9

总之，像西峰区这样的黄土高原沟坡，只要保护好，40°左右的陡坡上，植被盖度可达90%以上，生物量达400g/m²左右。

5.4 富 县

富县位于陕西省延安地区西南部，洛河中上游，地貌属于陕北黄土丘陵的一部分。但地处延安市南部，气候为温暖带半湿润地区。多年平均气温为8.9℃，1月和7月气温分别为-6.5℃和23.3℃，多年平均降水量为631mm。植被调查在子午岭北端的任家台进行。地理坐标为35°00.897′N、103°44.583′E，海拔为1270m。土壤母质为黄土。植被以天然次生林为主，建群种为油松、白桦、辽东栎，灌木主要有水枸子、白刺花、绣线菊等。在 34°西坡上测得天然次生林植株密度为 0.62 棵/m²，树林郁闭度为 0.7，地面枯枝落叶层厚度可达 2cm，地面覆盖度可达 100%。

5.5　安　塞　区

安塞区位于陕北黄土墚峁沟壑区，地形破碎，水土流失严重。年均温为 8.8℃，1 月和 7 月气温分别为 -7.0℃ 和 21.6℃，年降水量为 505.3mm。天然植被调查地点选在中国科学院西北水土保持研究所小流域综合治理试验小流域纸坊沟。小流域已治理 20 余年。在禁牧 20 余年后，黄土比较薄的部位和石质阴坡半阴坡上的植被类型出现了灌丛化的趋势，在白莲蒿、白叶蒿、白羊草群落中出现了白刺花、水枸子、绣线菊等灌木。但黄土比较深厚的部位，植被还是以白莲蒿、白叶蒿为优势种，伴生糙隐子草、兴安胡枝子、委陵菜、长芒草等。在安塞区不同坡度、不同坡向的坡地调查了 16 个样方。各调查样方的基本情况见表 5-3。

表 5-3　安塞植被调查样方基本情况

编号	坡向/(°)	坡度/(°)	地貌部位	建群种	主要伴生种
安塞-1	35	49	沟坡	白莲蒿、白叶蒿	糙隐子草
安塞-2	165	48	沟坡	白叶蒿、白莲蒿	糙隐子草、长芒草
安塞-3	120	48	沟坡	蒿类、白羊草	胡枝子、隐子草、灌木铁线莲
安塞-4	195	41	沟坡	白羊草、白叶蒿	
安塞-5	195	35	沟坡	白羊草、白叶蒿	胡枝子、隐子草
安塞-6	195	35	墚峁坡中下部	白叶蒿	
安塞-7	100	52	墚坡上陡砍上	白叶蒿	隐子草
安塞-8	85	22	墚峁坡上部	长芒草	胡枝子、隐子草、白叶蒿等
安塞-9	250	49	沟坡	白叶蒿	隐子草、白羊草、长芒草
安塞-10	90	41	沟坡	白莲蒿	
安塞-11	265	22	墚峁坡中部	白莲蒿、白叶蒿	长芒草、隐子草、兴安胡枝子
安塞-12	85	40	墚峁坡中部	白叶蒿、白莲蒿	长芒草、隐子草、兴安胡枝子
安塞-13	175	27	墚峁坡中部	白叶蒿、白莲蒿	长芒草、隐子草、兴安胡枝子
安塞-14	250	35	墚峁坡中部	白莲蒿、白叶蒿	长芒草、隐子草、兴安胡枝子
安塞-15	20	44	沟坡中部	白叶蒿、白莲蒿	长芒草、牡蒿、地衣
安塞-16	100	60	墚坡上陡砍上	白叶蒿	糙隐子草

安塞区植被调查样方的坡度变化于 22°~52°，平均草高为 83.3cm，植被盖度在 50%~100%，生物量在 363~1115g/m²，平均植被盖度和生物量分别为 80.7% 和 626.4g/m²。另外，在安塞区调查了极端陡坡植被生长情况，在坡度大于 50° 以后，植被盖度锐减，60° 的坡地植被盖度在 10% 以下。

5.5.1 植被高度

植被高度主要取决于植被类型。对于相同的植被类型来说，立地条件更多地影响植被盖度和生物量，高度对立地条件的反应并不十分敏感。在野外常见的情况是，坡度较平缓的地方，植被生长得密实，坡度较陡的地方植被生长较稀疏，植被高度降低的程度并没有植被盖度降低的程度大。图 5-1 为安塞区不同坡向植被高度随坡向的变化曲线，可以看出植被高度随坡度的增加略呈降低的趋势，但波动较大。可能受多种因素的影响，其中，土壤肥力可能对植被高度也有一定的

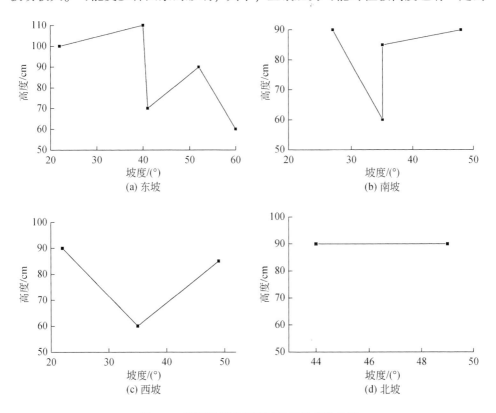

图 5-1　安塞区植被高度随坡度的变化曲线

影响，在野外常见到土壤相对肥沃的地方，植物长得较高。总之，在安塞区，白莲蒿、白叶蒿群落的植被高度变化于60~110cm，平均值为84cm。以白羊草为建群种的样方，平均草高为52cm。

5.5.2 植被盖度和生物量

图5-2为安塞区植被盖度和生物量随坡度的变化曲线。由图可知，在35°以下的坡地，无论坡向，植被盖度都在90%以上，平均值为98.6%。白莲蒿、白叶蒿群落生物量都在500g/m²以上，平均为830.4g/m²，以白羊草为优势种的群落生物量低于蒿类群落，35°南坡白羊草群落的生物量为363.6g/m²，但白羊草群落的植被盖度并不低，也在90%以上；35°以上坡地，植被盖度和生物量下降，但坡度在45°以下时，植被盖度还在60%以上，35°~45°植被盖度变化于60%~100%，平均为83.2%，白莲蒿和白叶蒿群落的生物量还在600g/m²以上，平均生物量为789.2g/m²。40°白羊草群落植被生物量为378.1g/m²。坡度在40°~52°时，植被盖度最低降到45%~88%，生物量在400~600g/m²；48°白羊草生物量为382.9g/m²；60°东坡植被盖度不到10%，生物量只有19.6g/m²。

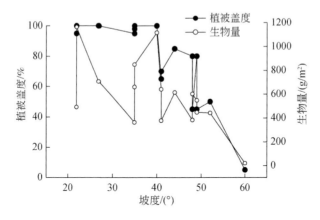

图5-2 安塞区植被盖度和生物量随坡度的变化曲线

当坡度大于35°后，不同坡向之间植被盖度的差异显现出来。偏北坡在坡度为44°、49°时植被盖度分别为85%、80%，偏南坡41°和48°时的植被盖度分别为70%和45%，偏西坡49°坡植被盖度为45%（图5-3）。

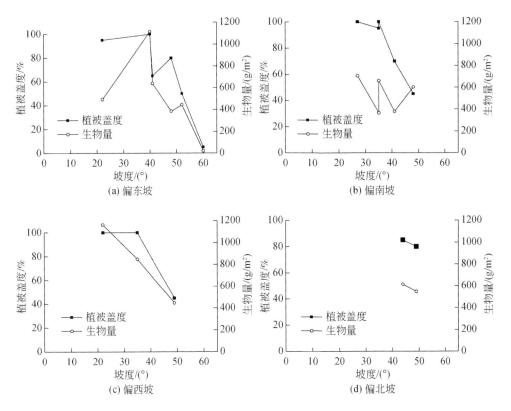

图 5-3 安塞区不同坡向植被盖度和生物量随坡度的变化曲线

5.6 吴 起 县

  吴起县位于延安地区西北部，地貌属于黄土丘陵沟壑区。年平均气温为7.8℃（1957~1983年），1月平均气温为-7.8℃，7月平均气温为21.6℃，全县多年平均降水量为380~500mm。地带性植被分属于草原和森林草原两个带。县西北由北向西南沿长城、周湾镇、铁边城镇一线的东南部，降水量在400mm以上，植被为森林草原区，表现为草地群落中白莲蒿、白叶蒿为优势种，在土层较薄的地段还出现以白羊草为优势种的草地。该线西北部降水量在400mm以下，草地中长芒草的成分增加，变为优势种，伴生种中百里香的成分增加，很少发现白羊草。本次主要对森林草原区的天然植被生长状况进行了调查。调查地点在吴起县城周围保护20年以上的人工造林区和禁牧4~5年的山坡，两者草地群落组成都是白叶蒿和白莲蒿。调查样点的基本情况见表5-4。

表 5-4 吴起县天然植被调查样方基本情况

样方编号	坡向/(°)	坡度/(°)	地貌部位	建群种名称	主要伴生种
吴起-1	90	44	沟坡上部	白叶蒿	白莲蒿、胡枝子、灌木铁线莲、长芒草、菊叶委陵菜、隐子草
吴起-2	185	45	沟坡下部	白叶蒿	胡枝子
吴起-3	270	26	沟坡中下部	白叶蒿	胡枝子、灌木铁线莲、长芒草
吴起-4	265	15	沟坡中下部	白莲蒿+白叶蒿	胡枝子、长芒草
吴起-5	210	41	沟坡中下部	白叶蒿+白羊草	白叶蒿
吴起-6	100	20	沟坡中下部	白叶蒿	
吴起-7	320	37	沟坡中下部	白莲蒿+白叶蒿	胡枝子、长芒草
吴起-8	280	34	沟坡中下部	白叶蒿	胡枝子
吴起-9	280	51	沟坡中下部	白叶蒿	胡枝子
吴起-10	195	8	墚峁上部	白莲蒿+白叶蒿	胡枝子
吴起-11	185	36	墚峁坡上部	白叶蒿	胡枝子、长芒草、隐子草
吴起-12	255	45	沟坡上部	白叶蒿	隐子草、胡枝子、委陵菜
吴起-13	260	25	墚峁上部	白叶蒿	
吴起-14	85	37	沟坡上部	白叶蒿	
吴起-15	90	48	沟坡上部	白叶蒿	白莲蒿
吴起-16	90	46	沟坡中下部	白叶蒿	胡枝子
吴起-17	90	33	沟坡中下部	白叶蒿	白莲蒿、菊叶委陵菜
吴起-18	180	46	沟坡上部	白叶蒿	甘草
吴起-19	180	44	沟坡中部	白叶蒿	
吴起-21	25	46	沟坡中部	白叶蒿+长芒草	铁线莲
吴起-22	0	41	沟坡中下部	白莲蒿+白叶蒿+薹草	
吴起-23	320	51	沟坡中下部	白叶蒿+白莲蒿+长芒草	灌木铁线莲、牡蒿
吴起-25	165	60	沟坡	白叶蒿、隐子草	

5.6.1 植被高度

由图 5-4 可知，吴起县植被高度与坡度的关系规律性不明显，与坡向的关系也不明显。大多数样点植被高度在 50~70cm，平均值为 60.3cm。与安塞区植被高度相比，吴起县植被高度略低，原因可能与降水有关。

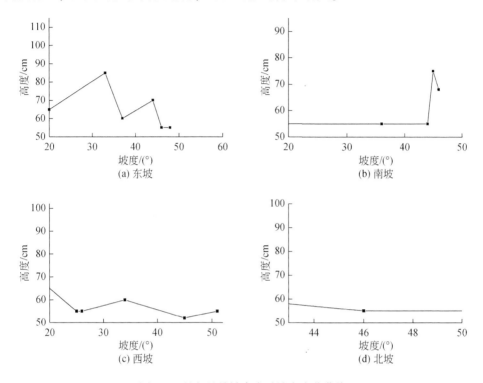

图 5-4　吴起县植被高度随坡度变化曲线

5.6.2　植被盖度和生物量

图 5-5 为吴起县植被盖度和生物量随坡度变化曲线。植被调查区域主要坡度范围在 8°~51°，植被盖度和生物量主要在 65%~100% 和 234~725g/m²，平均植被盖度和生物量分别为 89.5% 和 441.8g/m²。坡度小于 35°时，植被盖度都在 90% 以上，平均 98%，生物量在 400g/m² 以上，平均为 508.9g/m²；坡度在 36°~51°时，植被盖度变化于 65%~100%，平均植被盖度为 75%，生物量为 250~420g/m²，平均为 340.9g/m²；当坡度为 60°时，植被盖度和生物量都很低，植被盖度只有 5% 左右，生物量不到 20g/m²。

不同坡向之间植被盖度的差异，只有在陡坡时才能显示出来（图 5-6）。主要表现在偏北坡植被盖度高于其他坡向，北坡在坡度 50°时，植被盖度还接近 90%。总之，吴起县植被调查的坡度范围为 8°~51°，白叶蒿、白莲蒿群落高度

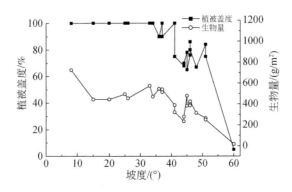

图5-5 吴起县植被盖度和生物量随坡度变化曲线

为52~90cm，平均值为60.3cm，植被盖度在65%~100%，平均值为89.1%，生物量在234.2~725.8g/m²，平均值为431.0g/m²。41°坡地白羊草草地的植被高度为27cm，植被盖度和生物量分别为75%和322.2g/m²。

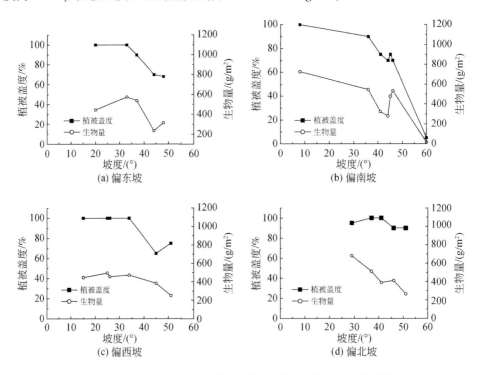

图5-6 吴起县不同坡向植被盖度和生物量随坡度的变化曲线

5.7　绥　德　县

绥德县位于陕西省榆林地区东南部，无定河下游。境内绝大部分地区属黄土
峁状丘陵沟壑。年平均气温为 9.7℃，1 月平均气温为-7.6℃，7 月平均气温为
24.2℃。多年平均降水量为 453.3mm。天然植被调查地点在黄河水利委员会绥德
水土保持科学试验站小流域综合治理区辛店，禁牧已长达 20 余年，天然植被还
是以白叶蒿、白莲蒿为建群种，主要伴生种为兴安胡枝子、糙隐子草、阿尔泰狗
娃花、长芒草等。绥德县调查样点基本情况见表 5-5。

表 5-5　绥德县调查样点基本情况

编号	坡向/(°)	坡度/(°)	地貌部位	建群种	主要伴生种
绥德-1	0	44	沟坡中下部	白莲蒿、白叶蒿	地衣
绥德-2	0	43	沟坡中下部	白莲蒿、白叶蒿	地衣
绥德-3	20	34	沟坡中下部	白叶蒿、白莲蒿、胡枝子	地衣
绥德-4	85	26	墚峁坡下部	白叶蒿	兴安胡枝子
绥德-5	280	33	沟坡中下部	白叶蒿	糙隐子草、长芒草
绥德-6	275	32	沟坡中下部	白叶蒿	糙隐子草、长芒草
绥德-7	280	9	沟坡下部	白叶蒿	糙隐子草、长芒草
绥德-8	270	43	沟坡中下部	白叶蒿	糙隐子草、长芒草
绥德-9	90	37	墚峁坡中上部	白叶蒿	兴安胡枝子
绥德-10	210	40	沟坡中部	白叶蒿	兴安胡枝子、糙隐子草
绥德-11	90	40	沟坡中部	白叶蒿	兴安胡枝子、糙隐子草
绥德-12	90	34	沟坡中下部	白叶蒿	长芒草、阿尔泰狗娃花
绥德-13	205	40	沟坡上部	白叶蒿	糙隐子草、长芒草
绥德-14	200	15	墚峁坡中上部	白叶蒿	糙隐子草、长芒草

5.7.1　植被高度

与安塞区相似，绥德县植被高度随坡度增大，表现出一定的下降趋势，但不

是严格地随坡度的增大而降低。绥德县植被调查样点坡度变化于9°~44°，植被高度在70~110cm，大多样点植被高度在70~95cm，平均值为83.2cm，与安塞区调查样点植被平均高度非常接近。说明陕北蒿类天然草地在不同地区植被高度相近（图5-7）。

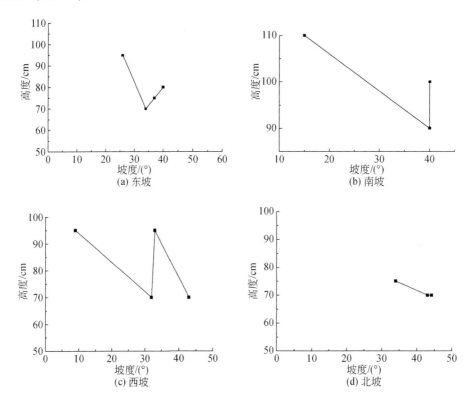

图5-7　绥德县植被高度随坡度变化曲线

5.7.2　植被盖度和生物量

图5-8为绥德县植被盖度和生物量随坡度变化曲线。植被盖度在坡度9°~44°变化于60%~100%，平均植被盖度为84.2%，生物量在330~1150g/m²，平均值为679.9g/m²。坡度小于34°左右时，植被盖度都在90%以上，平均植被盖度为98.3%，生物量在600g/m²以上，平均值为833.2g/m²；坡度在34°~44°，植被盖度变化于60%~90%，平均盖度为73.8%，生物量在330~750g/m²，平均值为519.8g/m²。

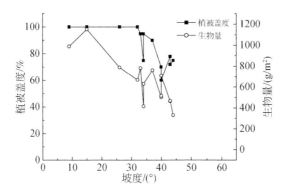

图 5-8　绥德植被盖度和生物量随坡度变化曲线

不同坡向之间植被盖度的差异，也只有在陡坡时才能显示出来（图 5-9）。偏北坡在坡度 43°时，植被盖度为 75%，偏东、南、西坡坡度在 40°、40°、43°时植被盖度分别为 70%、60%、70%，但生物量北坡不一定高于其他坡向，上述坡度，北坡、东坡、南坡和西坡的生物量分别为 464.1g/m²、500.7g/m²、706.7g/m²和 467.2g/m²。

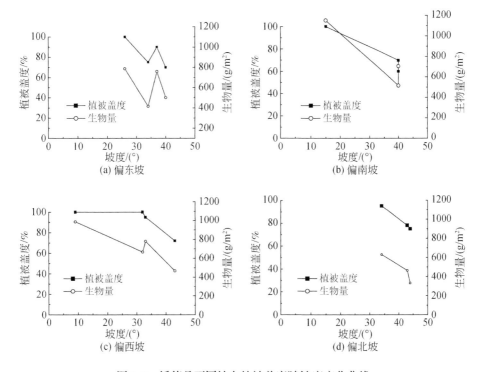

图 5-9　绥德县不同坡向植被盖度随坡度变化曲线

5.8 岚 县

岚县位于山西省西北部吕梁市的北端。县域所在区大部分处于吕梁山脉，以野鸡山为界，东部属岚河（汾河支流）流域，西部属蔚汾河和岚漪河（晋陕黄河支流）流域。地势北高南低，平均海拔在1000~2200m。气候为大陆性半湿润季风气候，据岚县气象局1957~1980年统计资料，多年平均降水量为504.9mm，多年平均气温为6.8℃，1月平均气温为-10℃，7月平均气温为21.5℃。

岚县处于农牧交错带黄土高原部分东端，全县大部分为吕梁山石质山地，植被属半湿润森林草原。土壤主要为山地棕壤、褐土、灰褐土和草甸土。其中，灰褐土和褐土是该县的两种地带性土壤，属于汾河流域的为灰褐土，晋陕黄河流域的为褐土。只要是保护较好的地方，植被盖度都较高。岚县植被调查在界河口镇华家沟林场进行，对该地不同年限的撂荒地进行了考察。1600m以下的撂荒地，先锋植物为苦苣菜、狗尾草、茵陈蒿、白莲蒿等一年生草本植物和半灌木，以后逐年被沙棘灌丛取代，继而逐渐演替到较为稳定的黄刺玫灌丛，黄刺玫灌丛以后是油松、华北落叶松。这个演替系列与已有的研究成果相符合（张金屯等，2000）。本次调查只测了一个黄刺玫灌丛和一个天然油松林，共两个样方（表5-6）。天然油松林位于海拔约1570m的华家沟土石质山的北坡上，土壤母质为石灰岩风化物，翻过山到南坡，土壤母质变为黄土母质，已被开垦为农地，但经过20余年的禁牧，植被已演化为黄刺玫灌丛。天然油松林平均高7m，植株密度为34棵/100m²，林地郁闭度为40%~60%。林下灌草鲜重6100g/m²，枯枝落叶厚1~2cm，重为1900g/m²，林地地面覆盖度为100%。黄刺玫灌丛平均高为1.3m，地面也有枯枝落叶覆盖，地面覆盖度为90%。

表5-6 岚县调查样点植被状况

样点名称	所在县乡、村	海拔/m	地貌部位	坡度/(°)	坡向	植被类型	植被高度/m	植被盖度/%	地上植物鲜重/(g/m²)	地表枯枝落叶重/(g/m²)
华家沟天然油松林	岚县界河乡华家沟	1576	土石质中山上部	24	北	天然油松	7.0	100	6100（林下灌草）	1900
华家沟灌丛草地	岚县界河乡华家沟	1565	土石质中山上部	19	南	黄刺玫灌丛	1.3	90	13200	

5.9 小　　结

　　森林草原带调查了康乐县、泾川县、西峰区、富县、安塞区、吴起县、绥德县和岚县八县（区）。其中，重点调查了处于黄土丘陵沟壑区的安塞、吴起、绥德和处于高原沟壑区西峰的天然植被。安塞、吴起、绥德三县（区）天然草地植被以白叶蒿、白莲蒿群落为主，西峰天然植被则以白羊草和白叶蒿、白莲蒿为优势种，在干旱阳坡上也分布有长芒草+白叶蒿群落。四县（区）无论坡向如何，当坡度小于35°时，天然植被盖度一般都在90%以上，坡度大于35°后，植被盖度随坡度的增加而降低，但当坡度增大到约45°时，各县（区）植被盖度一般都在60%以上。当坡度增至60°时，植被盖度不到10%，生物量不到20g/m²。植被生物量也随坡度的增大而减小。植被高度随坡度的增大有一定减小趋势，但差别较小。植被盖度和生物量也随坡向的不同而变化，北坡的植被盖度明显高于其他坡向，但植被盖度和生物量主要受坡度的影响。

　　安塞区天然植被调查坡度范围主要在22°~52°，植被盖度和生物量分别变化于50%~100%和363~1115g/m²，平均植被高度、植被盖度和生物量分别为83.3cm、80.7%和626.4g/m²。吴起主要调查坡度范围在8°~51°，植被盖度和生物量分别在65%~100%和234~725g/m²，平均植被高度、植被盖度和生物量分别为60.3cm、89.5%和441.8g/m²。绥德植被调查坡度范围在9°~44°，植被盖度和生物量分别在60%~100%和330~1150g/m²，平均植被高度、植被盖度和生物量分别为83.2cm、84.2%和679.9g/m²。西峰坡度在33°~42°，39°东南坡长芒草+白叶蒿群落植被高度、植被盖度和生物量分别为75cm、90%和391.3g/m²；33°西坡白羊草+白叶蒿群落植被高度、植被盖度和生物量分别为65cm、95%和415.5g/m²；36°西南坡植被高度、植被盖度和生物量分别为65cm、100%、417.3g/m²；42°偏北坡植被高度、植被盖度和生物量分别为55cm、95%、380.9g/m²。

　　森林草原边缘地区天然森林和灌丛植被地面都有1cm以上的枯枝落叶层，植被盖度都在90%以上。

第6章 | 中温型典型草原区天然植被调查

6.1 天然植被调查样点基本情况

　　北方农牧交错带中温型典型草原区主要包括河北坝上北部地区和内蒙古高原区的大部分地区以及辽宁、黑龙江西部地区。天然植被主要以大针茅（*Stipa grandis*）草原、狼针草（*Stipa baicalensis*）草原和羊草（*Leymus chinensis*）草原等为主，局部地区还有以多叶隐子草（*Cleistogenes polyphylla*）、线叶菊（*Filifolium sibiricum*）等为优势种的草原。狼针草草原主要分布在东部的草甸草原地区，但西部局部地区也有狼针草分布。土壤由东部草甸草原的黑土、黑钙土往西过渡到温性草原的暗栗钙土、栗钙土。本次野外调查，选择了张北县、多伦县、太仆寺旗、锡林浩特市、巴林左旗、科尔沁左翼后旗、乌兰浩特市、阿尔山市作为重点调查地点。其中在张北县、多伦县、太仆寺旗主要调查了大针茅典型草原的生长状况，锡林浩特市、巴林左旗、科尔沁左翼后旗、阿尔山市主要调查狼针草草原、羊草草原的生长情况。科尔沁左翼后旗主要考察科尔沁沙地大青沟国家级自然保护区的天然沙地植被。各调查县（市、旗）调查样方的具体情况见表6-1。

表6-1　中温型典型草原区天然植被调查样方基本情况

地区	样方编号	地貌部位	土层厚度/cm	坡向/(°)	坡度/(°)	建群种
张北县	张北-1	丘陵坡中上部	未测	90	12	冷蒿、隐子草、百里香、冰草、针茅、星毛委陵菜、沙蓬
	张北-2	丘陵坡中上部	未测	90	12	大针茅
	张北-3	丘陵坡中上部	未测	150	10	大针茅
	张北-4	平地	未测	平地	0	大针茅
	张北-5	平地	未测	平地	0	狗尾草、沙蓬
	张北-6	平地	未测	平地	5	人工紫苜蓿

地区	样方编号	地貌部位	土层厚度/cm	坡向/(°)	坡度/(°)	建群种
多伦县	多伦-1	丘陵缓坡坡中部	50	295	13	冷蒿
	多伦-2	丘陵缓坡坡中部	55	295	13	冷蒿+大针茅
	多伦-3	丘陵缓坡中上部	60	160	9	大针茅
	多伦-4	丘陵缓坡中上部	5	160	9	灯心草蚤缀（石竹科）
	多伦-5	丘陵缓坡中上部	9	160	9	大针茅+冷蒿
	多伦-6	丘陵缓坡中上部	70	0	13	大针茅
	多伦-7	丘陵缓坡中上部	22	160	9	大针茅
	多伦-8	丘陵缓坡中上部	16	160	9	大针茅
	多伦-9	丘陵缓坡中上部	70	160	9	大针茅
	多伦-10	丘陵缓坡中上部	70	160	9	大针茅
	多伦-11	丘陵缓坡中上部	40	160	9	大针茅
	多伦-12	丘陵缓坡中上部	12	160	9	大针茅
	多伦-13	丘陵缓坡中上部	60	0	14	茵陈蒿+刺沙蓬+狗尾草
	多伦-14	丘陵缓坡中上部	4	250	11	灯心草蚤缀（石竹科）
	多伦-15	丘陵缓坡中上部	7	265	15	大针茅+冷蒿
	多伦-16	丘陵缓坡中上部	11	271	13	大针茅+冷蒿
锡林浩特市	灰腾梁-1	缓丘下部	90	平地	0	大针茅+薹草
	灰腾梁-2	缓丘坡	80	30	24	大针茅+薹草
	灰腾梁-3	缓丘上部	15	40	14	大针茅
	灰腾梁-4	缓丘上部	20	40	7	大针茅
	灰腾梁-5	缓丘上部	5	40	4	薹草+针茅+蒙古韭+胡枝子
	灰腾梁-6	缓丘中坡	50	255	14	大针茅
乌兰浩特市	乌-1	丘陵坡中下部	50	50	7	多叶隐子草
	乌-2	丘陵坡中下部	70	80	5	大针茅
	乌-3	丘陵坡中下部	7	80	5	隐子草、冷蒿
	乌-4	丘陵坡中上部	3	160	13	冷蒿
	乌-5	丘陵坡中上部	70	160	13	大针茅
巴林左旗	林东-1	山前丘陵山坡中部	30	280	23	大针茅
	林东-2	山前丘陵山坡中下部	30	270	27	羊草
	林东-3	丘陵山坡上部	15	180	14	大针茅
	林东-4	丘陵山坡上部	5	180	14	隐子草、胡枝子

续表

地区	样方编号	地貌部位	土层厚度/cm	坡向/(°)	坡度/(°)	建群种
太仆寺旗	太旗-1	高平地	>50	水平	0	阿尔泰针茅
	太旗-2	缓丘坡	>50	210	9	阿尔泰针茅
阿尔山市	阿尔山-1	大兴安岭山地山坡上部	30	135	37	大针茅
	阿尔山-2	大兴安岭山地山坡上部	35	180	21	大针茅+薹草

6.2 植被生长状况

在河北坝上和内蒙古高原的农牧交错地区，地貌主要以高平原、宽浅盆地和缓丘相间组成，地面坡度较小，超过25°的坡地很少，所以植被受坡度和坡向的影响较小。而地面组成物质、土层厚度、土壤水分等对植被的影响很大。最为明显的是，浑善达克沙地和科尔沁沙地植被以沙蒿、欧洲白榆等沙生植被为主。图6-1为各调查县（市、旗）植被盖度和生物量与坡度的关系曲线（坡度相同时，盖度和生物量取平均值）。锡林浩特市、多伦县、乌兰浩特市和巴林左旗四县（市、旗）植被盖度和生物量随坡度的递增呈现无规则变化。锡林浩特市24°和巴林左旗27°坡面上植被盖度都接近100%。所以在内蒙古高原，地形坡度对植被盖度和生物量的影响可以忽略。坡向对该区植被的生长状况会有一定影响，但由于内蒙古农牧交错区地形绝大部分为浅盆缓丘，坡度较缓，坡向对植被的影响也是很有限的。例如乌兰浩特市，植被样方乌-2和乌-5的土壤厚度都为70cm，但乌-2的坡向为80°，坡度为5°，乌-5的坡向为160°，坡度为13°，二者的植被建群种为狼针草，植被盖度都为95%，生物量也接近，乌-2为302.1g/m²，乌-5为344.7g/m²。鉴于此，对内蒙古高原的农牧交错区，在分析天然植被的生长状

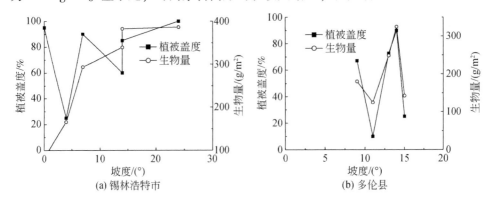

(a) 锡林浩特市　　　　　　　　　(b) 多伦县

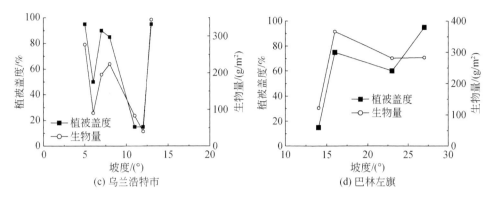

(c) 乌兰浩特市　　　　　　　　(d) 巴林左旗

图 6-1　植被盖度和生物量随坡度的变化曲线

况时，一般不考虑坡度和坡向。

在围栏禁牧或建立陵园之前，过度放牧使土壤退化，土层变薄，或是"岛状"植被分布范围由于处于风口处等特殊的地貌部位，使土层变薄。土层一旦变薄很难恢复，会长期影响植被的生长。图 6-2 为锡林浩特市、多伦县、乌兰浩特市和巴林左旗植被盖度、生物量随土壤厚度增加的变化曲线。植被盖度和生物量随着土壤厚度的增加，都呈现增加的趋势。锡林浩特市、多伦县、乌兰浩特市和巴林左旗当土壤厚度小于 10cm 时，植被盖度多在 30% 以下，生物量一般在 150g/m² 以下，其中多伦县、乌兰浩特市和巴林左旗植被盖度在 20% 以下。不过，植被盖度和生物量随土壤厚度的增加而增大的幅度较大，当土壤厚度增加到 15cm 左右时，植被盖度可达 40% 或超过 40%，四县（市、旗）当土壤厚度增加到 20cm 左右时，植被盖度接近或超过 60%。这意味着在内蒙古高原农牧交错区的半干旱大陆性气候条件下，过度放牧破坏植被使土壤退化，土壤厚度一旦小于 20cm，植被盖度就急剧下降，进一步为风蚀创造条件，土壤退化就会加速，而要恢复就十分困难了。

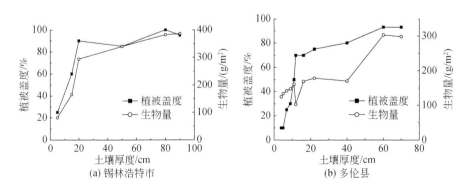

(a) 锡林浩特市　　　　　　　　(b) 多伦县

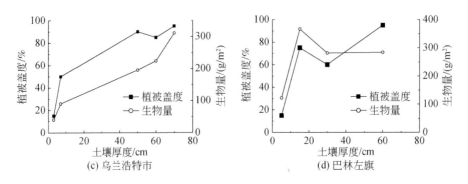

图6-2　植被盖度和生物量与土壤厚度关系曲线

　　土壤厚度不仅会影响植被的盖度和生物量，还会影响植被的群落组成和植被高度。例如多伦县土壤厚度在5cm以下时，植被建群种为灯心草蚤缀+冷蒿，草高只有10cm左右（表6-2）；当土层厚度在7～11cm时，植被建群种为大针茅+冷蒿，草高30cm以下；当土壤厚度超过20cm时，植被建群种为地带性的大针茅群落。

表6-2　多伦县土壤厚度与植被类型和植被高度的对应关系

样方编号	坡度/(°)	土壤厚度/cm	建群种	植被高度/cm
多伦-14	11	4	灯心草蚤缀+冷蒿	10
多伦-4	9	5	灯心草蚤缀+冷蒿	12
多伦-15	15	7	大针茅+冷蒿	30
多伦-5	9	9	大针茅+冷蒿	25
多伦-16	13	11	大针茅+冷蒿	30
多伦-8	9	16	大针茅	25
多伦-7	9	22	大针茅	30
多伦-3	9	60	大针茅	40

　　为了比较准确地反映河北坝上和内蒙古高原农牧交错区天然地带性植被的盖度和生物量等生长参数，将各调查县（市、旗）土壤厚度小于20cm的样方剔除，其余样方的盖度和生物量及高度取平均值，作为反映调查县（市、旗）植被盖度、生物量等植被生长参数的指标。之所以取土壤厚度20cm以上的样方，是因为20cm以上保护条件下的天然植被为地带性植被，且植被盖度已接近或超过80%。虽然在土壤厚度20cm土地上的植被盖度很少达到100%，但在内蒙古

高原，土层厚度在 20~50cm 的土地很多。表 6-3 为各调查县（市、旗）土层厚度 20cm 以上样方的平均植被盖度、生物量和高度。多伦县和巴林左旗植被禁牧的年限较短，植被盖度低于 90%，生物量低于 300g/m²，阿尔山市的阿尔山-1 在 37°的陡坡上，禁牧的年限较短，植被盖度为 65%，致使阿尔山市平均植被盖度也低于 90%，生物量也低于 300g/m²。其余各县（市、旗）植被盖度都大于 90%，生物量在 300g/m² 以上。除多伦县，其余各县（市、旗）植被高度都高于 40cm，大部分调查县在 50~60cm，平均植被高度为 56.3cm。

表 6-3　土壤厚度大于 20cm 样方平均植被高度、植被盖度和生物量

地区	建群种	植被高度/cm	植被盖度/%	生物量/(g/m²)
张北县	大针茅	46.3	91.3	387.7
多伦县	大针茅	35.0	86.4	246.4
太仆寺旗	大针茅	40.5	95.0	338.5
锡林浩特市	大针茅	70.0	93.3	369.2
巴林左旗	大针茅、羊草	61.0	77.5	282.5
乌兰浩特市	狼针草	65.0	95.0	310.7
阿尔山市	狼针草	55.0	82.5	263.7

本次野外工作，考察了科尔沁沙地南部大青沟国家级自然保护区的天然植被。大青沟国家级自然保护区位于科尔沁左翼后旗南部的沙丘地带，保护区面积为 81.83km²。保护区年平均气温为 5.60℃，年降水量为 450mm，70%~80% 集中在 6~8 月，蒸发量在 1900~2000mm，无霜期为 145d，土壤为栗钙土。大青沟国家级自然保护区沟上平原部分为科尔沁沙地的组成部分，但保护区天然植被生长繁茂，乔木以锡盟沙地榆（*Ulmus pumila* L）为主，伴有山杏（*Prunus sibirica*）、五角槭、蒙古栎，林下有糙隐子草、白草、兴安胡枝子、密毛白莲蒿、莎草（*Cyperus rotundus*）、唐松草（*Thalictrm aquilegiifolium* var. *sibiricum*）等，林下有枯枝落叶层，一般为 1~2cm，厚者可达 5cm。植被盖度在 90% 以上。但离保护区不到 100m 的保护区外边，沙地植被主要为以盐蒿为优势种的蒿类半灌木草原，植被盖度不到 30%。土壤特性也有巨大差异。

6.3　小　　结

内蒙古天然草地以典型温性大针茅草原、羊草草原和狼针草草原为主。天然植被盖度和生物量受坡度的影响很小，但受土壤厚度的影响较大。当土壤厚度小于 10cm 时，植被高度在 30cm 以下，植被盖度低于 30%，生物量一般小于 150g/

m^2，但当土壤厚度大于20cm时，植被类型为地带性植被，植被盖度接近或超过80%。其中大针茅草原，植被高度一般为40cm以上，植被盖度为80%～95%，生物量为280～388g/m^2；羊草草原植被高度42cm，植被盖度可达95%，生物量为283.9g/m^2；狼针草草原区植被高度可以达到55～70cm，植被盖度为80%～95%，生物量为260～369g/m^2，三种植被类型的植被盖度和生物量接近。总之，保护完好的天然植被，不管植被类型为何，土壤厚度大于20cm草地的平均植被盖度一般都在80%以上，生物量一般在300～400g/m^2。

第7章 天然植被土壤水分状况

土壤水分是影响北方农牧交错带植被生长的重要因素。大多数人工林、人工灌丛和多年生人工豆科牧草植被能造成土壤水分的干燥化。研究既能保护水土又不恶化土壤水分生态环境的覆被举措，是农牧交错带生态恢复和环境建设的一个重大科学举措。在西部开发过程中大面积退耕还林还草的背景下，对该问题的研究更具紧迫性。已有学者对这个问题进行了有益的理论探讨。侯庆春等（2000）强调在植被建设中应给予乡土树种足够的重视。梁一民和陈云明（2004）认为在黄土高原植被建造中应遵循植被地带性原理。但到目前，对天然地带性植被土壤水分影响的实证研究较少。对天然植被土壤水分问题的研究，有助于了解天然植被对生态环境的影响和其自身演替的生态可持续性，同时也从土壤水分的角度为分析天然植被自然恢复的潜力提供理论依据。本章将重点讨论以下几个问题：①天然植被生长与地形和土壤水分的耦合关系；②天然草地植被对土壤水分的利用程度，包括水分利用深度和利用强度；③天然草地植被与其他人工植被类型土壤水分的差别；④半湿润区天然林和人工林土壤水分的差别，半湿润区和半干旱区人工林土壤水分的差异；⑤天然草地植被不同演替阶段土壤水分状况。由于内蒙古高原土层薄，大多草地的土壤厚度不超过 1m，土壤水分年内变化较大，所以重点分析农牧交错带黄土高原部分的土壤水分状况。

在研究方法上主要以调查点农地土壤水分状况作为土壤水分背景，通过比较天然"岛状"植被与其他人工植被类型土壤水分的差异，来深入了解北方农牧交错带天然"岛状"植被的土壤水分状况。之所以将农地的土壤水分状况作为调查地其他植被土壤水分背景，是因为大量的研究表明，一年生农作物对土壤水分的主要利用深度在 2m 土层以上，而且农地土壤水分多年平均收支基本平衡，所以农地土壤水分状况是土壤水与当地气候相互适应的产物，尤其是 2m 以下的土壤水分状况在年内变化较小（杨文治和余存祖，1992），因而将农地土壤水分作为背景是可行的。本次调查在各县选择的农地，其土地利用方式均为当地常规的一年生粮食作物轮作方式。

7.1 天然植被生长与地形和土壤水分的耦合关系

天然植被盖度和生物量随坡度的增加而降低，同时坡向对植被盖度和生物量也有影响。从土壤水分的角度考察植被生长空间变化的原因，更进一步理解植被生长与地形和土壤水分的耦合关系，有助于从机理上认识植被空间变化的规律，从而为生产实践提供理论指导。

7.1.1 植被生长与坡度和土壤水分的关系

表 7-1 为暖温型典型草原区原州区天然植被东、南、西、北四个坡向上在不同坡度情况下，天然草地 0~3m 土层的平均土壤湿度。由表 7-1 可知，在同一坡向上，0~3m 土层，平均土壤湿度随坡度增大的规律性不显著，各坡度之间比较接近。在不同坡向之间，北坡土壤湿度在各坡度都大于其他坡向。

表 7-1 原州区不同坡度条件下 0~3m 平均土壤湿度

坡向	东坡			南坡			西坡			北坡		
坡度/(°)	12	21	43	14	24	43	10	25	44	13	25	44
平均土壤湿度/%	12.2	10.1	11.2	10.5	9.6	11.1	11.5	11.8	12.5	14.0	14.9	13.9

原州区天然草地土壤湿度在 0~3m 土壤剖面上的垂直分布（图 7-1）表现出了较好的规律性。总的特点是缓坡土壤上层土壤湿度高于陡坡，而在一定土层以下，缓坡土壤湿度反而低于陡坡或接近陡坡。

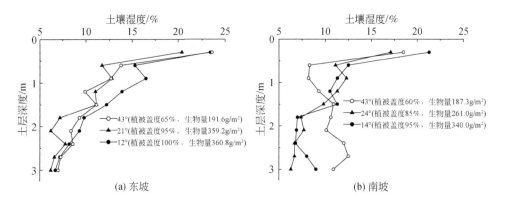

(a) 东坡 (b) 南坡

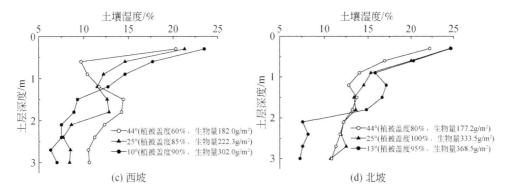

图 7-1　原州区天然草地不同坡度 0～3m 土壤湿度垂直分布曲线

东坡 12°的天然草地土壤湿度在 2.4m 以上大于 21°和 43°天然草地，但 2.4m 以下则略低于 43°坡的湿度。21°和 43°天然草地的土壤湿度，在 1.5m 以上比较接近，1.5m 以下 21°小于 43°坡。

南坡 14°和 24°天然草地土壤湿度比较接近，二者在 1.5m 以下低于 43°天然草地。14°和 24°天然草地的土壤湿度相比较，在 1.8m 以上，土壤湿度曲线互有交叉，1.8m 以下 14°总体上略小于 24°坡。

西坡在约 1.2m 土层以上，土壤湿度由高到低的顺序是 10°>25°>44°，而约 1.2m 以下，土壤湿度由高到低的顺序正好相反。

北坡 13°和 25°天然草地的土壤湿度在约 1.5m 以上高于 44°天然草地，1.5m 以下，13°天然草地的土壤湿度低于 25°和 44°天然草地，25°和 44°天然草地的土壤湿度则接近。

土壤湿度垂直分布的这种特点是植被生长与其生长环境相适应的结果。陡坡降水流失多，植被盖度相对小，上层土壤蒸发量大，使得陡坡土壤湿度本来小于缓坡土壤，而缓坡降水入渗大，原本土壤水分高于陡坡。正因如此，缓坡植被生长好，植被盖度和生物量随坡度增大而减小。然而虽然缓坡植被生长茂盛，地面表层水分蒸发小，但其植物蒸腾量大，对深层土壤水分的消耗大于陡坡植被的蒸腾，致使下层土壤湿度低于或接近陡坡，制约植被生长。处于中间坡度的草地土壤上下层湿度介于缓坡和陡坡之间。

在森林草原区也有类似现象。图 7-2 为绥德县天然草地东坡、南坡、北坡 0～3m 土壤湿度垂直分布曲线。东坡上，37°的天然草地土壤湿度总体低于 40°天然草地的土壤湿度；南坡 15°的天然草地土壤湿度低于 40°天然草地的土壤湿度；北坡 34°天然草地的土壤湿度，在 2.5m 以上低于 43°的北坡天然草地的土壤湿度，但在 2.5m 以下高于 43°的草地。同一坡向上坡度相对较缓的草地土壤湿度反而低于坡度相对较陡的草地，原因是坡度相对较缓的草地植被盖度和生物量都高于坡度相对较高的草地的植被盖度和生物量，导致植物蒸腾量较大，土壤湿度更低（表7-2）。

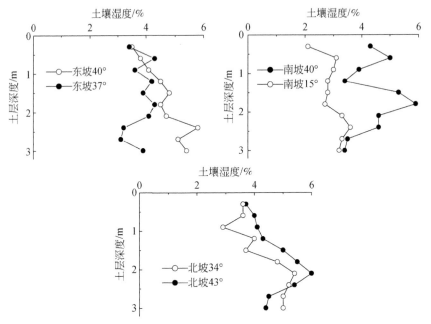

图7-2　绥德县天然草地不同坡度0～3m土壤湿度垂直分布曲线

表7-2　绥德县天然草地植被盖度和生物量与土壤水分关系

样方编号	坡向/(°)	坡度/(°)	植被盖度/%	生物量/(g/m²)	0～3m平均土壤湿度/%
绥德-1	0	43	75	331.0	4.3
绥德-3	20	34	95	628.7	4.7
绥德-9	90	37	90	759.0	3.8
绥德-11	90	40	70	500.7	4.6
绥德-13	205	40	65	610.6	4.4
绥德-14	200	15	100	1150.5	3.0

由此可知，无论典型草原区还是森林草原区，植被生长与地形和土壤水分之间有着密切的相互制约关系，这也进一步说明水分对植被生长限制的严格性。同时，研究结果也表明天然植被有自我调节功能，从而避免了陡坡土壤水分生态环境恶化。

7.1.2 植被生长与坡向和土壤水分的关系

图 7-3 为原州区天然草地当坡度为缓坡（10°～14°）、中坡（21°～25°）和陡坡（43°～44°）时，原州区天然草地不同坡向 0～3m 土壤湿度垂直分布曲线及植被盖度和生物量对应图。当坡度较平缓时，东、南、西、北坡 0～3m 平均土壤湿度分别为 12.2%、10.5%、11.5%、14.0%，北坡和东坡略高。这时的植被盖度和生物量分别都在 85% 和 300g/m² 以上，但北坡和东坡的生物量超过 360g/m²。说明北坡和东坡在坡度较缓时，土壤水分含量和植被生长状况都优于其他坡向。但由图 7-3 也可以看出，在土层 2m 以下，北坡和东坡的土壤湿度曲线接近其他坡向。南坡和西坡相比，南坡植被盖度比西坡高 10 个百分点，生物量高出38g/m²，由于南坡土壤湿度本来就低，加之其植被盖度和生物量高于西坡，其土壤湿度低于西坡。

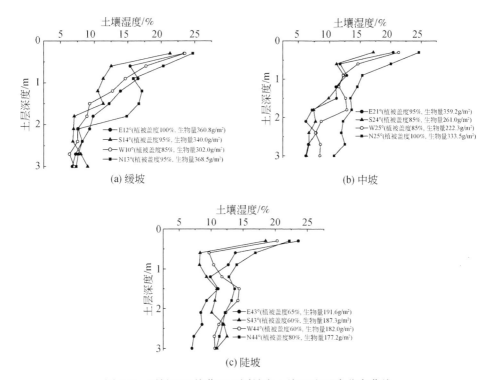

图 7-3 原州区天然草地不同坡向土壤湿度垂直分布曲线

当坡度为中坡度时（21°～25°），北坡和东坡植被盖度在 95% 以上，生物量分别为 333.5g/m² 和 359.2g/m²，南坡和西坡植被盖度都为 85%，生物量分别为

261.0g/m² 和 222.3g/m²。土壤湿度东坡最低，南坡和西坡接近，北坡最高。虽然东坡生物量最高，但由于其蒸腾耗水量也最高，所以其土壤湿度最低。

当坡度为陡坡时（坡度等于或大于40°），植被盖度北坡为80%，东坡为65%，南坡和西坡都为60%，生物量东坡最高、南坡次之。土壤湿度北坡最高，东坡在1.5m以下最小。

以上事实说明，在不同坡向之间，植被生长和土壤水分也存在相互制约的关系。在各种坡度条件下，北坡土壤水分均高于其他坡向。这是北坡植被盖度和生物量高于其他坡向的主要原因。北坡坡度25°土壤的平均湿度（14.9%）与坡度13°时的土壤湿度接近，植被44°时的土壤湿度还高于其他坡向低坡度时的土壤湿度，这是北坡植被盖度随坡度的增大变化平缓的主要原因。东坡土壤水分条件本来应该比南坡和西坡好，但由于其植被生长好于南坡和西坡，在坡度20°以上时，其土壤水分与南坡和西坡接近，甚至在坡度43°时低于西坡，这说明东坡土壤水分条件比南坡和西坡好但也是有限度的。

7.2 天然草地植被对土壤水分的利用程度

以原州、安定、环县、康乐、泾川、安塞、吴起七县（区）为例进行分析。其中原州、环县为典型长芒草草原区的代表；安定为短花针茅草原的代表；康乐、泾川两县代表森林草原向落叶阔叶林过渡区，但天然植被仍然选择草本植被；安塞、吴起两县（区）为典型森林草原区的代表。为了使不同土地利用类型之间的土壤水分具有可比性，在同一调查县（区），不同植被类型土壤水分观测点尽量选择坡向和坡度基本相近的地点，不同调查县（区）之间也力求坡向相近。本次野外测定土壤水分时，土壤水分观测点的坡向以东向坡居多。表7-3为各调查县（区）土壤水分观测点的地形及植被类型等基本情况。对土壤水分的测定间距，2001年测定间距：1m之内为0.1m，1～3m为0.2m，3m以下为0.3m。2002年测定间距：3m之内为0.2m，3m以下为0.3m。

表7-3 土壤水分测定点地形与植被条件表

地区	样点编号	坡向	坡度/(°)	土地利用类型	植被生长（保护）年限/年
原州区	固-1	南	21	农地	—
	固-2	南	27	天然长芒草草地	20
	固-3	南	13	人工紫苜蓿	11

地区	样点编号	坡向	坡度/(°)	土地利用类型	植被生长 (保护)年限/年
安定区	定-1	偏东	27	农地	—
	定-2	偏东	32	天然短花针茅草地	>10
	定-3	偏东	29	放牧荒坡	—
	定-4	偏东	31	天然甘蒙锦鸡儿灌丛	>10
	定-5	篇东	29	人工柠条锦鸡儿林	20
	定-6	偏东	26	人工杏林	30
环县	环-1	偏东	16	农地	—
	环-2	偏东	16	天然长芒草草地	16
	环-3	偏东	14	放牧荒坡	—
	环-4	偏东	22	人工柠条锦鸡儿林	>10
康乐县	康-1	偏东	23	农地	—
	康-2	偏东	25	天然长芒草草地	3
	康-3	东坡	水平梯田	人工油松林	22
泾川县	泾-1	东坡	26	农地	—
	泾-2	东坡	28	天然白叶蒿+白莲蒿草地	15
安塞区	安-1	偏东	25	农地	—
	安-2	偏东	26	天然白叶蒿+白莲蒿草地	10
	安-3	偏东	32	放牧荒坡	—
	安-4	偏东	23	人工柠条锦鸡儿林	25
	安-5	西坡	14	人工沙棘林	11
	安-6	偏东	27	人工刺槐林	22
吴起县	吴-1	偏东	26	农地	—
	吴-2	偏东	25	天然白叶蒿草地	4~5
	吴-3	偏北	23	人工柠条锦鸡儿林	20
	吴-4	偏北	23	人工沙棘林	20
	吴-5	偏北	24	人工油松林	16
	吴-6	偏北	26	人工杏林	30

7.2.1 不同植被类型对土壤水分的利用深度

由图7-4各县（区）不同土地利用类型土壤湿度垂直分布曲线可以直观地看到，农地的土壤湿度在大多情况下是最高的，人工林和灌木林土壤湿度在土壤剖面上一直低于农地。天然草地土壤湿度在一定土层中低于农地，甚至可低于人工林，但往下到一定深度，天然草地的土壤湿度逐渐上升，与农地的土壤湿度越来越接近，该深度可以认为是天然草地主要用水深度的下限。当然这里的用水深度是以农地土壤水分为背景的，并不指该深度以下的水分一定没有被利用。为了统一，将天然草地土壤剖面上的土壤湿度值与农地相应层土壤湿度的比值稳定在0.9以上的土层处，定为天然草地对土壤水分的利用深度的下限。这样确定天然草地对土壤水分的利用深度具有一定的人为性，但比值稳定在0.9以上时，天然草地与农地的土壤湿度已经很接近，与真实情况相差不大。以下对几个调查县

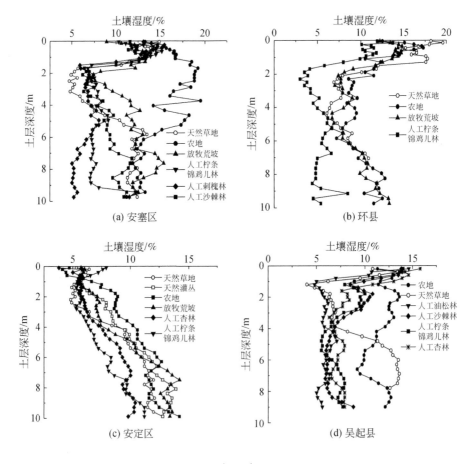

(a) 安塞区

(b) 环县

(c) 安定区

(d) 吴起县

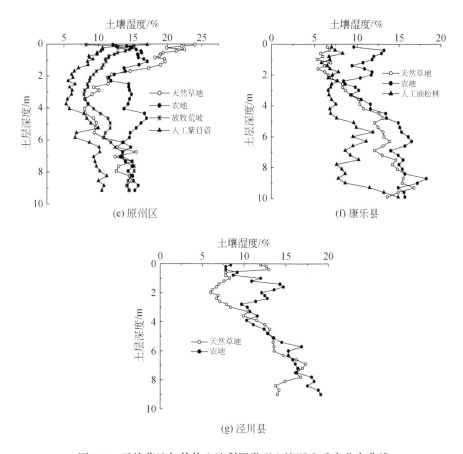

图7-4　天然草地与其他土地利用类型土壤湿度垂直分布曲线

（区）天然草地与其他植被类型对土壤水分的利用情况一一进行简要的比较分析。

安定区天然植被有两种，即天然长芒草草地和天然甘蒙锦鸡儿灌丛。人工植被除农地外，还有人工柠条锦鸡儿林、人工杏林，另外还有放牧荒坡。天然草地在1~2.8m的土壤湿度很低，但在3m以下逐渐升高，至3.6m以下土壤湿度与农地的比值稳定在0.9以上。天然甘蒙锦鸡儿灌丛的土壤湿度与农地土壤湿度的比值分别在2.2m以下稳定大于0.9。人工柠条锦鸡儿林和人工杏林的土壤湿度在0~9.9m的土壤剖面总体上低于农地。放牧荒坡植被高度只有3cm，盖度为10%左右，其土壤湿度比天然草地、人工柠条锦鸡儿林和人工杏林高，但比农地和天然灌丛低。关于安定区天然灌丛对土壤水分的影响及对农牧交错带植被恢复的意义，将在7.3节进行比较详细的分析。

在原州区测定了天然草地、农地、放牧荒坡和人工紫苜蓿四种土地利用类型的土壤水分。天然草地为自然保护区核心区的长芒草草地，紫苜蓿已生长11年。

天然草地在土层 4 ~ 5.7m 的土壤湿度持续低于农地，但在 5.8m 后与农地很接近，说明其用水深度在 5.8m 左右。放牧荒坡土壤湿度约在 7m 以下与农地很接近。人工紫苜蓿地在 0 ~ 9.9m 的土壤剖面上，土壤湿度全部低于农地，而且相差较大，说明人工紫苜蓿地的用水深度超过 9.9m。

在环县测了农地、天然长芒草草地、人工柠条锦鸡儿林和放牧荒坡的土壤水分。天然草地与农地土壤湿度的比值，在 5.2m 以下超过 0.9，说明其对土壤水分的利用深度在 5.2m 左右。放牧荒坡的土壤湿度在 0 ~ 9.9m 的土壤剖面上一直与农地很接近，绝大部分土层的土壤湿度与农地对应层土壤湿度的比值在 0.9 以上。人工柠条锦鸡儿林 0 ~ 9.9m 土层中的土壤湿度均低于农地。

在安塞区测定了天然草地、农地、放牧荒坡、人工柠条锦鸡儿林、人工沙棘林和人工刺槐林的土壤湿度。由图 7-4（a）可以看出，天然草地土壤湿度在 1.8 ~ 4m 处很低，低于人工乔灌林地的土壤湿度，但约自 3m 土层以下，天然草地土壤湿度逐渐增加，至 5.8m 以下，其土壤湿度与农地很接近，说明安塞区天然草地对土壤水分的利用深度在约 5.8m 处；放牧荒坡的土壤湿度也低于农地，但其土壤水分含量高于天然草地和其他人工植被；人工柠条锦鸡儿林、人工沙棘林和人工刺槐林的土壤湿度均低于农地，它们大部分土层的土壤湿度与农地的比值在 0.6 以下。但相比而言，沙棘林虽然处于偏西坡，但其土壤湿度却好于人工柠条锦鸡儿林和刺槐林。人工柠条锦鸡儿林和沙棘林在 9.5m 以下，土壤湿度接近农地，与农地的土壤湿度的比值高于 0.9，表明二者的用水深度约在 9.5m 处，而人工刺槐林却还是远远低于农地。

在吴起县选择了农地、天然草地、人工沙棘林、人工柠条锦鸡儿林、人工油松林和人工杏林，对天然草地土壤湿度测深为 7.8m，其余为 9m。由图 7-4（d）可知，天然草地在 1 ~ 3.5m 的土层中土壤湿度很低，3.5m 以下逐渐增加，至 4.8m 时，土壤湿度超过了农地。其他人工乔灌林的土壤湿度在 0 ~ 9m 的土壤剖面上一直低于农地，人工沙棘林土壤湿度在 8m 后有逐渐上升的趋势。

在康乐县只测了农地、天然草地和人工油松林三种土地利用类型的土壤湿度。根据天然草地与农地土壤湿度的比值，天然草地对土壤水分的利用深度约为 3m。人工油松林土壤湿度低于农地，但在 9m 以下逐渐增加，至 9.6m 时，与农地和天然草地很接近，说明康乐县 22 龄的人工油松林对土壤水分的利用深度在 9.6m 以下。

在泾川县只测了天然草地和农地的土壤湿度，由图 7-4（g）和土壤湿度的比值判断，泾川县天然草地对土壤水分利用深度约为 3.3m。

综上所述，北方农牧交错带黄土高原区，天然草地对土壤水分的利用深度为 3.0 ~ 5.8m（表 7-4）。天然草地对土壤水分的利用深度与降水量的大小和气温的高低有一定关系。降水量相对较高的康乐、泾川两县天然草地对土壤水分的利用深度相对较浅，分别为3.0m和3.3m。虽然康乐县降水量稍低于泾川县，但康乐县年均气温比泾川县低4℃，所以天然草地对土壤水分的利用深度比泾川县浅。其余几个县（区）天然草地对土壤水分的利用深度在4.5~5.8m。黄土高原常见的人工乔木林和灌木林对土壤水分的利用深度一般都超过了9m。

表7-4　不同土地利用类型对土壤水分主要利用层深度

地区	天然草地群落名称	土壤水分主要利用层深度/m	
		天然草地	人工乔灌林
安定区	短花针茅草地	3.6	>9.9
原州区	长芒草草地	5.8	>9.0
环县	长芒草草地	5.2	>9.9
安塞区	白叶蒿+白莲蒿草地	5.8	>9.0
吴起县	白叶蒿草地	4.8	>8.0
康乐县	长芒草草地	3.0	9.6
泾川县	白叶蒿+白莲蒿草地	3.3	—

7.2.2　天然草地植被对土壤水分的利用强度

根据土壤水分含量的大小，可以将黄土高原植被分为四类，即农地、放牧荒坡、天然草地、人工乔灌林（原州紫苜蓿为多年生豆科牧草）。虽然人工乔木林和灌木林的土壤水分有些区别，尤其是沙棘林的土壤水分比其他人工乔灌林稍高，但与天然草地和农地相比，还是很低，所以将人工乔灌林统一作为一类。

本书用天然草地、放牧荒坡、人工乔灌林土壤湿度与农地土壤湿度的比值来表示三种土地利用方式对土壤水分的利用强度。比值越小，说明对土壤水分的利用强度越大。先将各县（区）天然草地、农地、放牧荒坡和人工乔灌林的土壤剖面，以各县（区）天然草地土壤水分主要利用层的下限为界，将土壤剖面分上下两层，再用天然草地、放牧荒坡和人工乔灌林上下层的平均土壤湿度与农地对应层的平均土壤湿度相比。上层土壤湿度的统计从2m以上开始，因为2m以上土层的湿度受植被和农作物生长季节的影响较大，而2m以下土层的土壤湿度具有稳定性。统计结果见表7-5。

表7-5 天然草地、放牧荒坡和人工乔灌林土壤湿度与农地土壤湿度的比值

地区	土层		天然草地、放牧荒坡和人工乔灌林土壤湿度与农地的比值		
	土层名称	范围/m	天然草地/农地	放牧荒坡/农地	人工乔灌林/农地
安定区	天然草地主要水分利用层	2.0~4.5	0.70	0.79	0.66
	天然草地非主要水分利用层	4.5~9.9	0.96	1.02	0.77
原州区	天然草地主要水分利用层	2.0~5.8	0.65	0.65	0.47
	天然草地非主要水分利用层	5.8~9.0	0.98	0.99	0.67
环县	天然草地主要水分利用层	2.0~5.2	0.77	0.83	0.50
	天然草地非主要水分利用层	5.2~7.2	1.07	1.01	0.68
安塞区	天然草地主要水分利用层	2.0~5.8	0.40	0.58	0.43
	天然草地非主要水分利用层	5.8~9.9	0.96	1.04	0.63
吴起县	天然草地主要水分利用层	2.0~4.8	0.58	—	0.59
	天然草地非主要水分利用层	4.8~7.8	1.24	—	0.63
康乐县	天然草地主要水分利用层	2.0~3.0	0.84	—	0.73
	天然草地非主要水分利用层	3.0~9.9	0.97	—	0.63
泾川县	天然草地主要水分利用层	2.0~3.9	0.68	—	—
	天然草地非主要水分利用层	3.9~9.0	0.98	—	—
七县（区）平均	天然草地主要水分利用层		0.66	0.71	0.56
	天然草地非主要水分利用层		1.02	1.02	0.67

由表7-5可知, 天然草地植被在其土壤水分主要利用层中, 平均土壤湿度均不到农地对应层的90%, 7个县 (区) 变化于0.40~0.84, 平均值为0.66。而放牧荒坡对应层中的土壤湿度均接近或高于天然草地, 与农地的比值, 7个县 (区) 变化于0.58~0.83, 平均值为0.71。人工乔灌林地主要水分利用层土壤湿度最低, 与农地的比值7个县 (区) 变化于0.43~0.73, 平均值为0.56, 也就是只有农地的56%。所以, 虽然天然草地在其土壤利用层中的土壤耗水强度高于农地和放牧荒坡, 但低于人工乔灌林。

在天然草地土壤水分主要利用层以下, 天然草地的平均土壤湿度与农地对应层土壤湿度的比值各县 (区) 都在0.95以上, 有的县 (区) 还高于1.0, 7个县 (区) 平均值为1.02。放牧荒坡对应层的平均土壤湿度与农地的比值也在0.99以上, 7个县 (区) 平均值也为1.02。人工乔灌林对应层土壤湿度与农地的比值, 7个县 (区) 变化于0.63~0.77, 平均值为0.67。由此可知, 在天然草地土壤水分主要利用层以下, 天然草地、农地和放牧荒坡土壤湿度差别很小, 而人工乔灌林 (含豆科牧草) 还是很低。

综上所述, 农牧交错带黄土高原区不同土地利用类型土壤水分条件的相对优劣次序是, 农地>放牧荒坡>天然草地>人工乔灌林 (含多年生豆科牧草)。虽然天然草地在一定土层的土壤湿度很低, 甚至低于人工林, 但天然草地土壤低湿层一般在4m土层以上, 在雨季或丰水年有机会得到一定补偿。

尽管天然草地对土壤水分的主要利用层深度最大可达5.8m, 而且在主要利用层中, 土壤湿度低于农地, 但从土壤水分的有效性来说, 天然草地土壤的绝大多土层的土壤水分在中效水之上, 即便是有难效-无效水层, 其最大深度在1.4~2.8m, 在雨季或丰水年可以得到补偿, 所以天然草地对土壤水分的利用不会使土壤形成严重的干燥化土层。根据前人的研究成果 (杨文治和邵明安, 2000), 黄土高原中壤区当土壤相对含水量小于35%时, 土壤水分为难效-无效水, 轻壤区土壤相对湿度低于30%时为难效-无效水。安定区、康乐县、原州区、泾川县为中壤区, 环县、吴起县、安塞区为轻壤区。处于森林草原与落叶阔叶林过渡区的康乐天然草地难效-无效水层在2.0m土层以上, 平均相对湿度为29.1%, 而人工油松林在0.8~4.5m为无效水层; 泾川天然草地在1.6~2.4m土层为难效-无效水层, 平均相对湿度为31.3%; 安定区天然草地土壤难效-无效水层在2.8m土层以上, 平均相对湿度为29.3%, 而人工柠条锦鸡儿林和杏林形成的难效-无效水层深度分别在5.4m和4.0m; 原州区天然草地土壤没有难效-无效水层, 但人工紫苜蓿形成了4.0m深的难效-无效水层; 环县天然草地土壤也无难效-无效水层, 但人工柠条锦鸡儿林形成于0~9.9m土层中, 绝大部分土层土壤水分为难效-无效水层; 安塞区天然草地的难效-无效水层在1.9~2.8m, 平均相对湿度为

27.7%，其余土层土壤水分大部分为在中效水之上的易效水，人工柠条锦鸡儿林、人工刺槐林 7.0m 以下土层的水分为难效–无效水层，且人工刺槐林和柠条锦鸡儿林绝大部分土层的土壤水分在中效水范围之内，二者自 1.5m 以下土层的水分都在中效水以下，平均相对湿度分别为 40.9% 和 36.4%，人工沙棘林土壤相对湿度在 3.0m 以上大多在 40.0% 以上，3.0m 以下平均土壤湿度为 51.7%，为易效水，可见沙棘在该地比人工刺槐林和柠条锦鸡儿林耗水少；吴起天然草地只在 1.2~1.4m 的土壤相对湿度低于 30.0%，其余土层土壤水分含量都在中效水之上，人工油松林在 4.0m 以上土层形成了难效–无效水层。人工乔灌林土壤湿度低的主要原因是人工乔灌林蒸腾量大，在降水量十分有限的条件下，易导致土壤干燥化。据研究，原州人工刺槐林、柠条锦鸡儿林、沙棘林的平均蒸腾耗水量是天然草地植被的 3.3~7.9 倍（李代琼等，1991）。

7.3 天然锦鸡儿灌丛对土壤水分的影响

甘蒙锦鸡儿（*Caragana opulens*）与柠条锦鸡儿（*Caragana korshinskii*）同属豆科植物的锦鸡儿属（*Caragana*）。甘蒙锦鸡儿高可达 1.5m，主要产于乌兰察布市大部、锡林郭勒盟南部及河北省西北部地区至甘肃及川西、西藏东部（中国科学院植物研究所，1955），是该区的一种地带性植被。柠条锦鸡儿也称柠条，高 1~3m，主要产于陕甘北部及内蒙古鄂尔多斯、阿拉善等地的沙丘地带，但在黄土高原大多数地区多有人工栽培。本节通过将天然甘蒙锦鸡儿灌丛地的土壤水分含量与人工柠条锦鸡儿灌丛、天然草地、放牧荒坡和农地的土壤水分进行比较，分析作为地带性植被的天然甘蒙锦鸡儿灌丛对土壤水分的影响。黄土高原地区一年生农作物对土壤水分的消耗主要在 2m 以上的土层，2m 以下土壤的湿度状况反映了气候与土壤相适应的土壤水分状况，所以农地土壤湿度可以作为研究其他植被对土壤水分影响的土壤水分背景。另外，该区放牧荒坡的土壤湿度要高于人工林草植被，可以用其土壤水分状况辅助分析其他植被对土壤水分的影响程度。需要补充的是，测水样点地面植被覆盖度，天然锦鸡儿和人工柠条锦鸡儿林均为 80%，放牧荒坡为 10% 左右。

7.3.1 天然锦鸡儿灌丛与人工柠条锦鸡儿灌丛土壤湿度的差异

图 7-4 可知，在土层 1m 以上，人工柠条锦鸡儿灌丛土壤湿度高于天然灌丛和农地，三者该层土壤湿度分别为 6.7%、5.8% 和 4.9%。1.0m 以下，不同植

被类型的土壤湿度都随土层深度的增加而增大，但天然灌丛土壤湿度均高于人工柠条锦鸡儿灌丛而略低于农地。1.0 ~ 9.9m 平均土壤湿度，天然锦鸡儿灌丛为 10.2%；人工柠条锦鸡儿灌丛为 7.6%，接近土壤凋萎湿度 7.2% 的水平；农地为 10.6%。

在 0 ~ 9.9m 的土壤剖面上，人工柠条锦鸡儿灌丛、天然锦鸡儿灌丛和农地都有一段土层的土壤湿度在凋萎湿度以下，但凋萎湿度层的厚度差别较大。天然锦鸡儿灌丛在 0 ~ 2.0m 的土层中土壤湿度低于凋萎湿度，平均值为 6.0%；人工柠条锦鸡儿灌丛在 0.4 ~ 5.4m 土层的土壤湿度持续低于 7.2%，平均值为 6.0%；农地在 0 ~ 1.0m 的土壤湿度低于凋萎湿度，平均湿度为 4.9%，1.0m 以下没有低于凋萎湿度的土层。凋萎层以下至 9.9m 土层的平均土壤湿度，人工柠条锦鸡儿灌丛、天然灌丛和农地分别为 9.5%、10.9% 和 10.6%，也是人工柠条锦鸡儿灌丛最低，而天然灌丛和农地接近。

人工柠条锦鸡儿灌丛土壤水分含量在 1.0m 以上高于其他土地利用类型，主要原因可能是人工柠条锦鸡儿根系下延，主要吸收深层土壤水分，而农地当年种植的豌豆为浅根作物，上层水分强烈吸收，致使上层土壤水分含量很低。

对于天然锦鸡儿灌丛土壤水分高于人工柠条锦鸡儿灌丛的原因，本书没有从植物生理机制方面进行研究。初步猜想是，经过 40 多年的封育，天然锦鸡儿很可能是本地一种顶极群落之一，具有与本地气候相适应的生理调节机制，不致使土壤水分生态环境恶化。

天然灌丛与放牧荒坡相比，两条曲线在 2.0m 土层以上几乎重合，在土层 2.0 ~ 5.0m，天然灌丛还略高于放牧荒坡，但差别不大，该层天然灌丛比放牧荒坡高出 1.4%。再向下两条曲线互有交叉，5.0 ~ 9.9m 的平均土壤湿度分别为 12.6% 和 11.5%。就 0 ~ 9.9m 的土壤剖面来说，天然灌丛和放牧荒坡的平均土壤湿度分别为 9.5% 和 9.3%，二者很相近。

由此可见，天然灌丛的地面覆盖度远远高于放牧荒坡，与天然草地相近，但其土壤湿度略高于放牧荒坡，其生态效益优于放牧荒坡。人工柠条锦鸡儿灌丛土壤湿度与放牧荒坡相比，1.0m 以下，放牧荒坡均大于人工柠条锦鸡儿灌丛；1.0 ~ 4.0m，放牧荒坡的平均土壤湿度是人工柠条锦鸡儿灌丛的 1.2 倍；4.0 ~ 9.9m，放牧荒坡的平均土壤湿度是人工柠条锦鸡儿灌丛的 1.4 倍。

7.3.2 天然锦鸡儿灌丛与人工柠条锦鸡儿灌丛土壤水分的有效性

根据杨文治和邵明安（2000）对黄土高原中壤土壤水分有效性的分级标准，

将土壤含水量按土壤相对湿度值的大小分成难效–无效水和中效水以上两个级别，即土壤相对湿度小于35%时，土壤水分为难效–无效水；土壤相对湿度大于等于35%时，为中效水以上级别。不同植被类型各土壤水分级别的范围及其平均相对湿度如表7-6所示。

表7-6　不同植被类型各土壤水分级别的范围及其平均相对湿度

植被类型	难效–无效水土层		中效水以上土层	
	土层厚度/m	平均相对湿度/%	土层厚度/m	平均相对湿度/%
人工柠条锦鸡儿灌丛	0~5.4	29.2	5.4~9.9	45.0
甘蒙锦鸡儿灌丛	0~2.0	28.3	2.0~9.9	51.7
农地	0~1.0	26.4	1.0~9.9	51.2
放牧荒坡	0~3.3	30.4	3.3~9.9	54.8

由表7-6可知，难效–无效水土层的厚度，人工柠条锦鸡儿灌丛达5.4m，天然锦鸡儿灌丛为2.0m，农地为1.0m，放牧荒坡为3.3m。各植被类型难效–无效水土层的位置和土层厚度分别与各自土壤剖面中土壤湿度低于凋萎湿度的土层厚度相当。除放牧荒坡为30.4%外，难效–无效水土层的平均相对湿度其皆在26.4%~29.2%，相差不大。中效水以上土层的平均相对湿度，人工柠条锦鸡儿灌丛最低，为45.0%，其余皆在51.2%~54.8%，相差也不大。所以，难效–无效水土层的厚度是决定土壤水分优劣的主导因素。很显然，人工柠条锦鸡儿灌丛土壤水分条件最差，农地相对最好。天然灌丛的土壤水分条件稍次于农地，但其不仅远远优于人工柠条锦鸡儿灌丛，而且优于放牧荒坡。值得注意的是，天然灌丛难效–无效水土层的厚度存在于2.0m土层以上，在丰水年时，水分还可以得到一定补偿，并且2.0m以下其土壤湿度与农地相差不大，2.0~9.9m平均土壤湿度，天然灌丛为10.9%，农地为11.1%。所以，天然灌丛没有造成严重的土壤干燥化。而根据本次对土壤干层水分恢复的调查结果，对年均降水量只有425.1mm的安定区来说，人工柠条锦鸡儿灌丛这样深厚的难效–无效水土层，在其生长时水分已经不可能恢复。经本次野外实际调查，即使将引起土壤干燥化的人工植被砍伐，十几年内土壤水分也不一定能够完全恢复，所以人工柠条锦鸡儿灌丛形成的土壤难效–无效水土层对土壤水分生态环境的不良影响是长远的。

两种灌丛的地面盖度接近，推测两者具备的水土保持能力应该差别不大，但天然灌丛土壤水分明显高于人工柠条锦鸡儿灌丛。天然灌丛形成的难效–无效水土层在土壤剖面2.0m以上，所以天然灌丛没有形成土壤水分生态环境的恶化，而与其同为锦鸡儿属的人工柠条锦鸡儿灌丛1.0m以下土层的土壤湿度均低于天然灌丛，且形成了厚达5.4m的难效–无效水土层。从土壤水分生态环境的角度考虑，该地区引进的人工柠条锦鸡儿是对土壤水资源的不可持续利用。在水土保持植被建设中，应该重视对地带性植被的选配。

7.4 天然林土壤水分与人工林土壤水分的对比

黄土高原天然林保存得很少，现存的天然林主要分布在吕梁山、六盘山、马衔山、子午岭、黄龙山等石质山地。这些山地能够生长天然林，有的是由于山地垂直地带性的作用，有的地处半湿润地区。其他广大黄土高原地区，现存的天然林很少。在地处半干旱区准格尔旗的阿贵庙，有一片天然林，北坡主要为油松，南坡主要为杜松和一些灌木。这一片天然林由于宗教的原因至今得以保存。阿贵庙天然林有一个突出的特点是，地面大部分土壤母质为岩石风化物而非黄土。另外，林木植株稀疏，郁闭度不到30%。在稀疏的树木间，土壤母质为石质时，植被为灌丛，为黄土母质时，植被为长芒草和大针茅、白莲蒿、白叶蒿等草地。由此可以认为，阿贵庙的天然林更准确地说是森林草原，它的完好保存，是该地区属于森林草原地区的证据，再加土层较薄，所以本节在比较天然林土壤水分时，不考虑阿贵庙的天然森林草原植被。

20世纪90年代，由于气候干旱，在延安以北的安塞、吴起和绥德等地，可以见到成片人工油松林、刺槐林、榆树林等死亡或干梢现象，但在延安以南地区，人工林干梢或死亡现象很少。从土壤水分的角度研究这些现象，对理解该区植被生长也是很有意义的。本节选择处于半湿润地区的富县子午岭天然次生林、人工油松林、人工刺槐林和农地，对这四种土地利用类型的土壤湿度进行比较。另外，将子午岭的人工油松林、农地的土壤水分与吴起的人工油松林和农地比较，子午岭的人工刺槐林和农地的土壤湿度与安塞人工刺槐林和农地的土壤水分进行比较，安塞人工刺槐林中，偶尔有干梢现象。目的是分析同处半湿润地区天然林和人工林的土壤水分，以及半湿润地区和半干旱地区土壤水分的差异。安塞、吴起两县土壤水分测定点地形与植被条件见表7-3，子午岭土壤水分观测样点基本情况见表7-7。

表7-7 子午岭土壤水分观测样点基本情况

样点名称	坡向	坡度/(°)	地貌部位	植株密度/(棵/m²)	平均高度/m	植被生长年限/年
农地	东坡	26	墚坡中部	—	—	—
天然油松、白桦、辽东栎混交林	西坡	34	墚坡中部	0.62	7.7	>100

样点名称	坡向	坡度/(°)	地貌部位	植株密度/(棵/m²)	平均高度/m	植被生长年限/年
人工油松林	东坡	35	墚坡中部	0.50	5.0	15
人工刺槐林	东坡	21	墚坡中部	0.46	6.8	22

7.4.1 天然林与人工林土壤湿度的比较

图7-5为富县子午岭农地、天然林地、人工油松林地和人工刺槐林地土壤湿度垂直分布曲线。可以看出，无论天然林还是人工林，它们的土壤湿度都小于农地土壤湿度，0~9.9m平均土壤湿度，农地、天然林、人工油松林和刺槐林分别为17.5%、12.7%、12.9%和10.9%，2.0~9.9m平均土壤湿度分别为16.9%、9.6%、11.9%、8.5%。

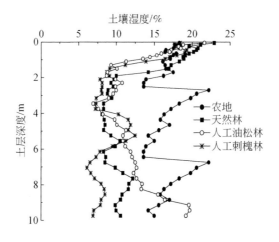

图7-5 富县子午岭土壤湿度

天然林和人工刺槐林土壤湿度在土层2.0m以下一直低于农地，说明二者对土壤水分的利用深度都超过了9.9m。相比而言，天然林在2.0m土层以上土壤水分高于人工林，但在4.0m以下低于人工油松林，说明天然林表层深厚的枯枝落叶层有保水作用，但对土壤深层水分的消耗还是比较大。人工油松林的树龄相对较短，可能是它土壤深层水分含量相对较高的主要原因，但人工油松林土壤湿度远远高于半干旱区树龄相当的人工油松林（见7.4.2节），与气候及油松的适应性不无关系。天然林生长的年限大于人工刺槐林，而且处于西坡，但其土壤水分含量稍高于人工刺槐林，尤其是在6.0m土层以下，7.0m以下土层的湿度都在10%以上。天然林的土壤水分在0~9.9m的剖面上都在8%以上，而人工刺槐林有部分土层的湿度在7%~8%，个别土层的湿度还在6%~7%，这是二者土壤湿度的最大差异。但总的来说，天然林与人工刺槐林之间的土壤湿度差异远远小于二者与农地之间的差异，属于同一个水分含量水平。这说明，无论是黄土高原半干旱区还是半湿润区，土壤湿度低于农地不只是人工乔灌林特有的特性，天然林也不例外。但半湿润区天然林的绝对土壤湿度还是比较高，都在8%之上。

黄土高原大多地区土壤田间持水量在18%~22%（李玉山等，1985），子午岭土壤田间持水量取21%，则计算所得子午岭天然林、人工油松林和刺槐林的土壤相对湿度如图7-6所示。可以看出，天然林土壤剖面上相对湿度都在40%以上，7m土层以下一般在50%以上，也就是说，天然林土壤剖面上的土壤水分都在中效水以上（杨文治和邵明安，2000）（含中效水），7m土层以下为易效水。而人工刺槐林大部分土层的相对湿度在30%~40%，土层6m以下相对湿度都在40%以下，即6m以下的土壤水分都为中效水偏下水平。尽管天然林已有100多年的恢复历史（郑粉莉，1996），但没有造成严重的土壤干燥化，没有威胁植被的持续生存。人工刺槐林地土壤湿度虽然都在中效水之上，土壤水分含量虽然没有到威胁林木继续生长的程度，但6m以下土壤湿度在中效水偏下水平，接近难效–无效水，对林木的进一步生长造成一定威胁。相比之下，充分说明了天然地带性植被对环境的适应性。

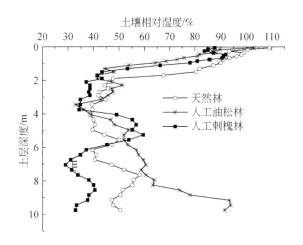

图7-6　富县子午岭土壤相对湿度

7.4.2 半湿润区和半干旱区人工林土壤湿度比较

图7-7和图7-8分别为富县子午岭人工油松林与吴起县人工油松林土壤湿度和相对湿度垂直分布曲线，图7-9和图7-10分别为富县子午岭与安塞区人工刺槐林土壤湿度和相对湿度垂直分布曲线（吴起县和安塞区田间持水量分别为20.6%和18.9%（李玉山等，1985；杨文治和余存祖，1992）。富县人工油松林和吴起人工油松林的生长年限接近，但富县人工油松林的土壤湿度明显高于吴起县的人工油松林。为了减少两地当年降水不同步的影响，还是比较2m土层以下的土壤湿度。2~9m的土壤剖面上（吴起县土壤水分测深9m），富县人工油松林湿度变化于7.0%~19.6%，大部分土层的土壤湿度在10%以上，2~9m土层的平均土壤湿度为11.3%，大部分土层相对湿度在50%以上。吴起县人工油松林

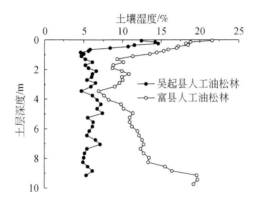

图7-7　富县和吴起县人工油松林土壤湿度

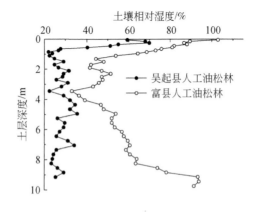

图7-8　富县和吴起县人工油松林土壤相对湿度

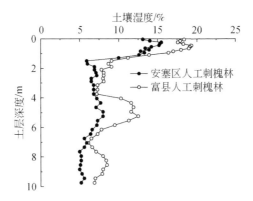

图 7-9　富县与安塞区人工刺槐林土壤湿度

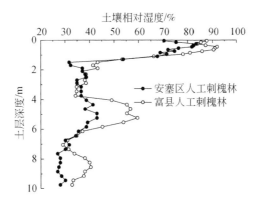

图 7-10　富县与安塞区人工刺槐林土壤相对湿度

的土壤湿度变化于 4.7%~7.4%，大部分土层的湿度在 6% 以下，相对湿度在
30% 左右，为难效−无效水土层，已接近枯死的土壤水分含量水平（王志强等，
2002）。

　　富县和安塞区人工刺槐林土壤湿度的差异没有富县和吴起人工油松林的差别
大，但富县刺槐林的土壤湿度还是明显高于安塞区人工刺槐林的土壤湿度。富县
人工刺槐林 2.0~9.9m 土层土壤湿度变化于 6.5%~13.0%，大部分土层的湿度
在 7% 以上，平均 8.5%，相对湿度都在 40% 以上，即中效水以上；安塞区刺槐
林在 2.0~9.9m 的土壤剖面上，土壤湿度变化于 5.0%~8.0%，6.0m 土层以下
的湿度都在 6.0% 以下，平均 5.5%，2.0~9.9m 土层的平均土壤湿度只有
6.4%，1.5~6.0m 土层的相对湿度在 30.0%~40.0%，6.0m 以下土层的相对湿
度在 30.0% 以下，为难效−无效水层。由此可知，虽然富县刺槐林土壤湿度也

低，但土壤湿度都在中效水之上，刺槐林不至于枯死，而安塞区刺槐林土壤水分已十分干燥，实际上，安塞区刺槐林有成片的干梢现象，而富县没有出现刺槐林干梢现象。

富县与安塞区和吴起县人工林土壤水分的差别，究其原因，是气候差别的缘故。三县（区）中，富县降水量为 631.0mm，安塞为 505.3mm，吴起为 463.1mm。这种气候差别被土壤如实地反映出来。图 7-11 为三县（区）农地土壤湿度垂直分布曲线，由图可以看出，吴起的土壤湿度最低，富县最高，与降水量的高低相对应。富县、安塞、吴起三县（区）0～9.0m 平均土壤湿度依次为 17.7%、15.7%、11.8%，2.0～9.0m 平均土壤湿度依次为 17.5%、15.8%、11.7%。

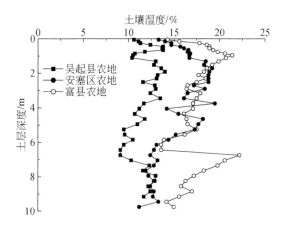

图 7-11 富县、安塞区和吴起县农地土壤水分垂直分布曲线

处于半湿润区子午岭的天然林和人工林土壤湿度低于农地的土壤湿度，天然林和人工刺槐林土壤湿度低于农地的程度还高于半干旱区大多人工乔灌林土壤湿度低于农地的程度。但是，半湿润区子午岭天然林和人工林的绝对土壤湿度高于半干旱区人工林土壤湿度。子午岭人工林与天然林之间的土壤湿度差异，远远小于子午岭人工林与半干旱区人工林之间的土壤湿度差异。说明黄土高原半干旱区人工林生长缓慢，成为"小老头"树或干枯死亡的原因主要在于对气候的不适应。

7.5 黄土高原典型草原植被不同演替阶段土壤水分

在黄土高原天然植被演替过程中，土壤水分的变化是一个重要的生态过程。了解不同演替阶段的土壤水分状况，对生产实践具有指导意义。在不同的演替阶段，植物群落的构成及其功能不同，导致土壤水分发生变化，土壤水分的变化反过来又作为环境因子作用于植物群落，使植物不断发生演化。研究群落演替，需从植物个体和群落生理生态方面研究植物与环境相互作用的关系。本节不探讨植被演替与环境相互作用的机制问题，仅对不同演替阶段的土壤水分含量简单进行比较，主要目的是为农牧交错带黄土高原区的天然植被恢复提供佐证。

在森林草原区，没有找到可以进行比较不同演替阶段土壤水分的样地。本书只对典型草原区长芒草草原在不同演替阶段的土壤水分作比较。地点还是在云雾山草原自然保护区。该区自然植被从放牧荒坡开始的演替主要有三个阶段：百里香+长芒草群落→白莲蒿（白叶蒿）+长芒草群落→长芒草群落。

选择同坡向（东坡）和相近坡度（22°左右）的放牧荒坡、禁牧三年的百里香群落、禁牧四年左右的白莲蒿群落、保护20年的长芒草群落，测定土壤水分含量。测定时间为2002年6月中旬。

图7-12为长芒草草原由放牧荒坡开始，经百里香+长芒草群落→白莲蒿（白叶蒿）+长芒草群落→长芒草群落几个演替阶段土壤湿度垂直分布曲线图。由表7-8可以看出，在4m以上土层中，土壤湿度由高至低的顺序为长芒草群落>百里香群落>白莲蒿群落>放牧荒坡，但在4m以下土层，它们的土壤湿度接近，放牧荒坡略高。0~8m平均土壤湿度，还是长芒草群落最高。这说明在长芒草草原的植被演替过程中，随着演替系列由低级向高级的转变，土壤水分条件逐渐好转。

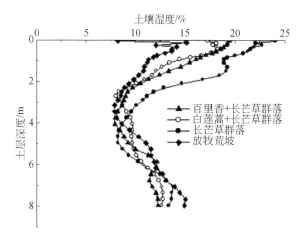

图7-12　原州区草地不同演替阶段植物群落土壤湿度垂直分布曲线

表7-8　长芒草草原不同演替阶段土壤湿度　　　　（单位:%）

植被演替阶段	土壤湿度		
	0～4m	4～8m	0～8m
放牧荒坡	10.7	12.2	11.3
百里香群落	13.9	10.8	12.7
白莲蒿群落	13.2	11.1	12.4
长芒草群落	17.2	11.0	14.8

7.6　小　　结

（1）天然植被土壤含水量在不同坡向、不同坡度之间具有一定的规律性。在各种坡度条件下，北坡土壤湿度均高于其他坡向，而且北坡陡坡土壤湿度还高于其他坡向缓坡的土壤湿度，北坡25°时平均土壤湿度和13°时的平均土壤湿度接近，这是北坡植被盖度和生物量高于其他坡向的主要原因，也是北坡植被盖度及其生物量随坡度的增大变化平缓的主要原因。东坡土壤水分条件本来应该比南坡和西坡好，但差别没有北坡和其他坡向的差别大，其植被生长好于南坡和西坡，使东坡在20°以上时，其土壤水分与南坡和西坡接近，甚至在43°时低于西坡。不同坡度之间，缓坡土壤剖面上层土壤湿度高于陡坡，但下层土壤湿度却低于陡坡或与陡坡接近。

（2）天然草地植被对土壤水分利用深度在3.0～5.8m，降水量较高的康乐县、泾川县天然草地对土壤水分的利用深度较浅，在3.3m土层以上。天然草地植被土壤剖面上土壤水分含量大部分在中效水以上，难效-无效水层在2.8m以上土层，没有造成土壤水分生态环境的严重恶化。而人工乔灌林和多年生豆科牧草耗水深度在9m以上，形成的难效-无效水层可达5米多深。半干旱区安定区天然锦鸡儿灌丛土壤水分含量高于人工柠条锦鸡儿林，仅次于农地土壤湿度。

（3）半湿润区天然林和人工林及半干旱区人工林土壤水分都远远低于农地的土壤湿度，但绝对土壤湿度，半湿润区天然林略高于半湿润区人工林，而半湿润区人工林又高于半干旱区人工林。半湿润区天然林地0～9.9m土层土壤湿度大多在中效水偏上水平，7.0m以下为易效水，半湿润区人工林土壤湿度大部分土层在中效水偏下水平，虽然干燥但还不到使林木干枯死亡的程度，但半干旱区人工林地0～9.9m土层中大部分土层湿度已在难效-无效水范围，林木已在干枯死亡的边缘。

（4）半干旱区长芒草草原由放牧荒坡向气候顶极群落的演替过程中，土壤水分含量在不断好转。

第8章 | 天然植被土壤特性

土壤容重和有机质含量是反映土壤质量最重要的两个理化性质指标。农牧交错带在无人干扰或人为干扰较少条件下天然"岛状"植被的土壤容重和有机质含量是该区土壤质量的两个重要环境背景值，它们的高低与土壤其他理化性质指标有很大的相关性。因此，通过分析比较农牧交错带天然"岛状"植被与其他土地利用类型的土壤容重和有机质含量，可以了解土壤质量的优劣。北方农牧交错带现状土地利用类型中，面积比例最大的主要类型为农田和放牧荒坡两大类，人工林草植被也是很重要的一类。本章将农牧交错带的土地利用类型分为农田、放牧荒坡、天然草地、天然林、人工乔木林、人工灌木林（含人工多年生豆科牧草）。分类统计它们的土壤容重和有机质含量：在野外调查时，对大多数调查县（市、区、旗）农地、放牧荒坡和天然草地的土壤容重和有机质含量进行了测定。有的县（市、区、旗）缺少人工林，特别是有天然林的县（市、区、旗）很少，本章只对富县、兴县和科尔沁左翼后旗大青沟国家级自然保护区的天然林土壤容重和有机质含量进行了测定。

土壤容重的测定用环刀法，土壤容重测深为 1m。2001 年测定的土壤容重，测定间距为 0～10cm、10～20cm、20～40cm、40～100cm，2002 年测定的土壤容重，每 20cm 测一次，即 0～20cm、20～40cm、40～60cm、60～80cm、80～100cm。在绘制土壤容重随土层深度的变化曲线时，2002 年测定调查县（市、区、旗）的土壤容重曲线图注明为 a，2001 年所测土壤容重曲线注明为 b。土壤有机质的测定土样为 0～20cm 混合土样，测定方法为重铬酸钾容量法。

8.1 不同土地利用类型土壤容重

8.1.1 农地土壤容重

图 8-1 为农牧交错带几个县（市、区、旗）农地土壤容重随土层深度的变化曲线。由图可以看出，在农牧交错带的黄土区，土壤表层（0～10cm）土壤容重稍小，表土以下土层土壤容重的大小比较均一，而内蒙古高原非黄土区，如多伦

县、乌兰浩特市农地土壤容重在上下土层间有较大的变化。说明黄土高原农地土壤结构上下一致的特性。另外，不同地区土壤容重的大小，自农牧交错带的西部向东逐渐增大（表8-1）。乌兰浩特市黑钙土40cm以下土壤容重超过1.4g/m³，可是由于表层土壤容重较小，其平均土壤容重略低于黄土区的吴起县和兴县。

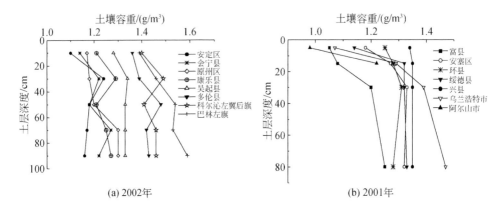

图 8-1　农地土壤容重

表 8-1　农牧交错带主要调查县（区、旗）农地 0～1m 平均土壤容重

地名	土壤类型	土壤容重 /(g/m³)	地名	土壤类型	土壤容重 /(g/m³)
富县	黄绵土	1.145	环县	淡黑垆土	1.280
会宁县	黑垆土	1.170	乌兰浩特市	黑钙土	1.305
安定区	黄绵土	1.206	吴起县	黄绵土	1.322
原州区	淡黑垆土	1.230	兴县	黄绵土	1.348
康乐县	黄绵土	1.246	多伦县	暗栗钙土	1.416
安塞区	黄绵土	1.275	科尔沁左翼后旗	栗钙土	1.444
绥德县	黄绵土	1.278	巴林左旗	栗钙土	1.502

8.1.2　放牧荒坡土壤容重

　　放牧荒坡土壤容重在垂直方向上略有变化（图8-2），但土壤容重的大小在空间上的差异与农地相似，也是西部地区较低，东部地区较高。

　　表8-2为放牧荒坡与农地土壤容重的比值。可以看出，大多县（市、区、旗）放牧荒坡表层的土壤容重大于农地。表层以下土壤容重，与农地接近或低于农地。

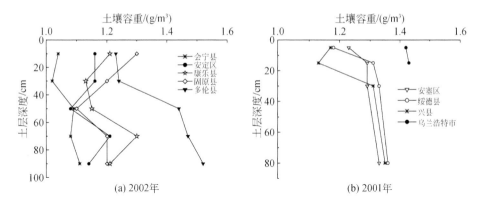

图 8-2　放牧荒坡土壤容重

表 8-2　放牧荒坡与农地土壤容重的比值

（a）

土层深度 /cm	比值				
	原州区	安定区	会宁县	康乐县	平均值
0～20	1.111	1.055	0.912	1.000	1.020
20～40	1.017	0.935	0.836	0.880	0.917
40～60	0.917	0.915	0.924	0.950	0.927
60～80	0.923	1.034	0.850	1.040	0.962
80～100	0.923	0.983	0.910	0.950	0.942
平均值	0.978	0.984	0.886	0.964	0.953

（b）

土层深度 /cm	比值			
	绥德县	安塞区	乌兰浩特市	平均值
0～10	1.035	1.042	1.327	1.135
10～20	0.992	1.016	1.108	1.039
20～40	1.008	0.970	—	0.989
40～100	1.023	1.008	—	1.016
平均值	1.015	1.009	1.218	1.080

8.1.3 天然草地土壤容重

在土壤垂直剖面上，天然草地的土壤容重有上低下高的趋势（图8-3），不同区域之间，还是西部的天然草地土壤容重较低，东部较高。但位于农牧交错带东端阿尔山的天然草地，0～20cm土壤容重很小，主要原因是该处的天然草地是从大兴安岭针叶林灰化土上发育的草地，土壤性质还没有完全变化成草原土壤。

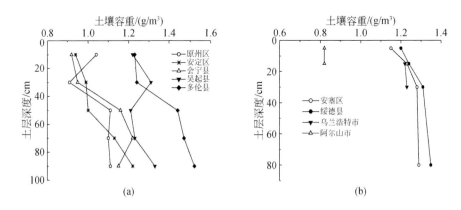

图8-3 天然草地土壤容重

表8-3为天然草地与农地土壤容重的比值。可以看出，除绥德县由于天然草地禁牧的时间较短，土壤表层土壤容重略高于农地外，其他各县（区）的土壤容重在以上土层，都小于农地。随着土层深度的增加，天然草地与农地土壤容重的比值逐渐接近，在0～20cm的土层中，典型草原区天然草地的土壤容重与农地土壤容重的比值大多低于0.9，森林草原区除绥德县外都小于1。说明天然草地土壤结构优于农地。

表8-3 天然草地与农地土壤容重的比值

（a）

土层深度 /cm	比值					
	原州区	安定区	会宁县	吴起县	多伦县	平均值
0～20	0.889	0.855	0.807	0.953	0.904	0.882
20～40	0.771	0.798	0.779	0.978	0.892	0.844
40～60	0.925	0.847	0.983	0.910	0.973	0.928
60～80	0.846	0.966	0.961	0.925	1.035	0.947
80～100	0.854	1.052	0.943	1.000	1.063	0.982

续表

土层深度	比值					
/cm	原州区	安定区	会宁县	吴起县	多伦县	平均值
平均值	0.857	0.904	0.895	0.953	0.973	0.916

(b)

土层深度	比值				
/cm	安塞区	绥德县	乌兰浩特市	阿尔山市	平均值
0~10	0.975	1.053		0.837	0.955
10~20	0.969	0.939	0.945	0.672	0.881
20~40	0.962	0.992	0.886		0.947
40~100	0.977	1.015			0.996
平均值	0.971	1.000	0.916	0.755	0.945

8.1.4 天然林土壤容重

天然林土壤容重垂直分布上低下高的特点比天然草地更加明显（图8-4）。科尔沁左翼后旗大青沟国家级自然保护区天然林 0~20cm 土层土壤容重为 1.01g/m³，到80cm 土层以下达 1.58g/m³。富县天然林土壤容重由 0~10cm 土层的 0.86g/m³ 增加到80cm 土层左右的 1.27g/m³，兴县天然林土壤容重由 20cm 土层以上的 1.21g/m³、1.05g/m³ 增加到约80cm 土层的 1.37g/m³。天然林土壤容重与农地的比值，在 40cm 土层以上一般小于1，表层都在 0.9 以下，也是随着深

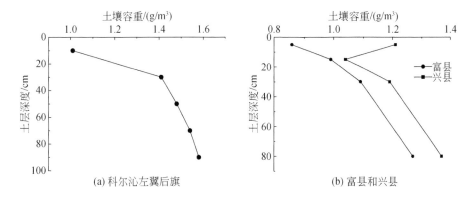

(a) 科尔沁左翼后旗　　　　　(b) 富县和兴县

图 8-4　天然林土壤容重

度的增加，土壤容重逐渐接近农地（表8-4）。

表8-4 天然林与农地土壤容重的比值

土层深度 /cm	比值			
	富县	兴县	科尔沁左翼后旗	平均值
0~10	0.819	0.819	0.719	0.786
10~20	0.917	0.917	0.946	0.927
20~40	0.908	0.908	1.052	0.956
40~100	1.016	1.016	1.065	1.032
平均值	0.915	0.915	0.946	0.925

8.1.5 人工乔木林土壤容重

图8-5为人工乔木林土壤容重垂直曲线。可以看出，人工乔木林土壤容重也有上低下高的特点。人工乔木林的土壤容重在大多数情况下也低于农地（表8-5），但有时由于人工乔木林林下草地植被少，枯枝落叶层很少，或树龄较短，土壤容重反而会大于农地。例如，富县人工油松林和刺槐林，林下很少有枯枝落叶层，土壤容重却略高于农地。

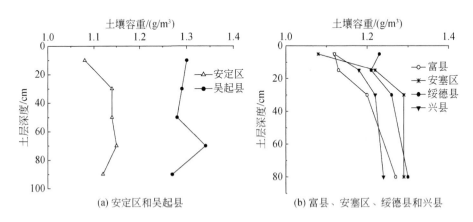

(a) 安定区和吴起县   (b) 富县、安塞区、绥德县和兴县

图8-5 人工乔木林土壤容重

表8-5 人工乔木林与农地土壤容重的比值

(a)

土层深度 /cm	比值				
	富县	兴县	绥德县	安塞区	平均值
0~10	1.062	0.836	1.081	0.915	0.974
10~20	1.046	0.874	0.917	0.961	0.950
20~40	1.000	0.904	0.958	0.970	0.958
40~100	1.012	0.919	0.979	0.977	0.972
平均值	1.030	0.883	0.984	0.956	0.963

(b)

土层深度 /cm	比值		
	安定区	吴起县	平均值
0~20	0.982	1.016	0.999
20~40	0.919	0.963	0.941
40~60	0.966	0.962	0.964
60~80	0.983	1.008	0.996
80~100	0.966	0.955	0.961
平均值	0.963	0.981	0.972

8.1.6 人工灌木林土壤容重

与人工乔木林一样，人工灌木林土壤容重在大多数情况下小于农地，但也有大于农地的情况（图8-6）。人工多年生豆科牧草只测吴起斜茎黄耆一种，斜茎黄耆

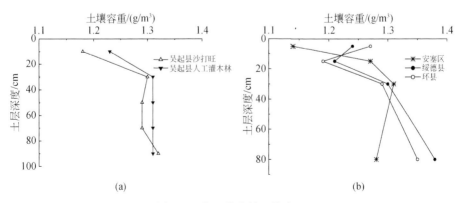

图8-6 人工灌木林土壤容重

生长了三年，其土壤容重一直低于农地，但比值都在0.9以上（表8-6）。

表8-6　不同植被类型与农地土壤容重的比值

人工灌木林与农地土壤容重的比值

土层深度 /cm	比值				
	绥德县	安塞区	环县	吴起县	平均值
0~10	1.083	0.962	1.016	0.970	1.008
10~20	0.913	1.000	0.930	0.975	0.955
20~40	0.985	0.985	0.985	0.985	0.985
40~100	1.038	0.970	1.055	0.985	1.012
平均值	1.005	0.979	0.997	0.979	0.990

人工斜茎黄耆与农地土壤容重的比值

土层深度/cm	0~20	20~40	40~60	60~80	80~100	平均值
比值	0.922	0.970	0.970	0.970	0.922	0.951

综上所述，北方农牧交错带土壤容重，放牧荒坡最大，天然林和天然草地最小，人工乔灌林介于农地和天然植被之间。说明了农牧交错区天然植被的土壤结构最好。

8.2　不同土地利用类型土壤有机质

图8-7为各调查县（市、区、旗）农地土壤有机质含量图。由图可以看出，在黄土高原黄绵土区，农地的土壤有机质含量一般都低于1%，同属于黄土高原的会宁县、原州区、环县的淡黑垆土有机质含量大于1%。乌兰浩特的黑钙土和多伦的暗栗钙土的土壤有机质含量超过了3%。多伦暗栗钙土有机质含量高，还有一个原因是取样时在与天然草地毗邻的农地里取样，农地开垦年限较短。

图8-8为不同植被类型土壤有机质含量。由图可知，各县（市、区、旗）天然草地土壤有机质含量都大于农地的土壤有机质含量，天然林、人工林地的土壤有机质含量也都不同程度地高于农地的有机质含量。只有放牧荒坡土壤有机质，在绝大多数调查县（市、区、旗）低于农地。

由于不同调查县（市、区、旗）土壤有机质含量不同，而同一个县（市、区、旗）几种土地利用类型都有的情况很少，很难比较天然草地、天然林、人工林之间土壤有机质含量的大小。但通过将各县（市、区、旗）不同土地利用类

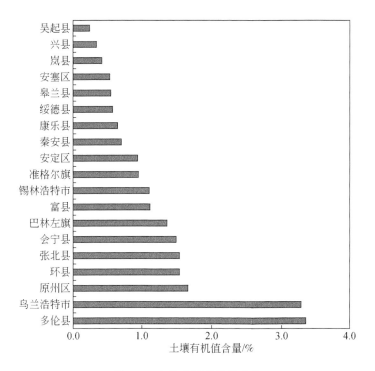

图 8-7　农地土壤有机质含量

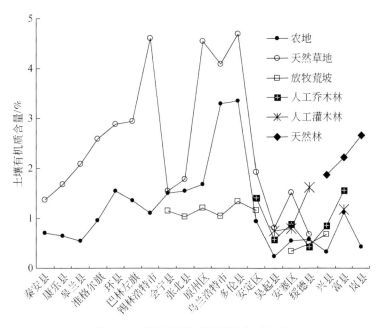

图 8-8　不同植被类型土壤有机质含量

型的土壤有机质含量与农地相比，可以看出不同土地利用类型土壤有机质的相对大小。所有调查县（市、区、旗）不同土地利用类型土壤有机质与农地有机质比值的平均值，由大到小的顺序是：天然林>人工多年生豆科牧草（吴起斜茎黄耆）>天然草地>人工灌木林>人工乔木林>放牧荒坡（表8-7）。

表8-7　不同土地利用类型与农地20cm土壤有机质含量比值

地名	天然草地/农地	放牧荒坡/农地	人工乔木林/农地	人工灌木林/农地	天然林/农地	吴起斜茎黄耆/农地
原州区	2.72	0.72	—	—	—	—
会宁县	1.03	0.76	—	—	—	—
吴起县	3.38	—	2.38	3.13	—	2.79
准格尔旗	2.73	—	—	—	—	—
安定区	2.04	1.23	1.50	—	—	—
岚县	—	—	—	—	6.33	—
康乐县	2.61	—	—	—	—	—
皋兰县	3.80	—	—	—	—	—
秦安县	1.95	—	—	—	—	—
兴县	—	2.06	2.61	—	5.67	—
安塞区	2.81	0.63	1.63	1.46	—	—
绥德县	1.17	0.83	0.72	2.79	—	—
富县	—	—	1.39	1.04	1.98	—
环县	1.87	—	—	—	—	—
多伦县	1.40	0.40	—	—	—	—
锡林浩特市	4.14	—	—	—	—	—
巴林左旗	2.16	—	—	—	—	—
乌兰浩特市	1.24	0.32	—	—	—	—
张北县	1.16	0.67	—	—	—	—
科尔沁左翼后旗	—	—	—	—	2.13	—
平均值	2.26	0.85	1.71	2.11	4.03	2.79

8.3　小　　结

北方农牧交错带天然林草植被土壤容重最小，有机质含量最高。说明天然植被土壤质量最好。人工林草植被土壤容重大于天然植被，但小于农地和放牧荒坡。放牧荒坡的土壤容重最高，有机质含量最低。由于土壤容重和有机质含量在一定程度上可以代表土壤质量的高低，所以农地和放牧荒坡地相对于天然"岛状"植被土壤属于退化土壤。从本次野外调查找到的天然"岛状"植被情况来看，除极少数是从来没有受到过人为破坏而延续至今的天然植被外，大部分的"岛状"植被是在人为破坏后重新经过禁牧、保护恢复的结果。由此可知，植被的恢复与土壤的恢复是相辅相成的，北方农牧交错带只要采取保护措施，土壤退化的过程不但可以制止，而且退化了的土壤还可以得到恢复。

第9章 天然植被自然恢复潜力

中国北方农牧交错带，是一个生态环境脆弱带，经过长期人类不合理的土地利用，天然植被遭到严重破毁，引起土地沙化和水土流失。生态环境的恶化直接威胁人类的生存。虽然人们试图通过建立人工植被改善和恢复恶劣的生态环境，但实践证明，"人进沙退"成功的机会很少。在广大黄土高原半干旱区，人工林成了"小老树"，有用的成材林很少，反而造成土壤的干燥化，形成难以恢复的永久性土壤干层。那么，如果给大自然一个自我修复的机会，农牧交错带天然植被能否恢复，恢复的程度如何，这是一个对农牧交错带环境建设十分重要的问题。本章将主要依据本次野外调查的资料，结合前人的研究成果，分析中国北方农牧交错带，在现状气候条件下天然植被自然恢复的最低限度。"现状气候"，指最近几十年来的平均气候状况。自然植被恢复的"最低限度"，有两个含义：一是现在调查的天然"岛状"植被，或多或少还是受到一定程度人类活动的干扰，所以植被的组成和生长状况与真正天然植被可能还有一定差距；二是调查的天然"岛状"植被类型虽然都经过了较长时间的保护，是比较稳定的植物群落，但不一定都是天然顶极群落。

9.1 天然植被自然恢复的依据

分析天然植被自然恢复的主要依据有天然"岛状"植被的调查数据、植被区划、天然植被演替规律、天然植被土壤理化性质和土壤水分特征、气候现状等。

天然"岛状"植被的生长状况基本代表其所在区域植被的生产力潜势。所以，天然"岛状"植被的信息，是分析天然植被自然恢复潜力的最主要依据。

植被演替规律是判断天然植被自然恢复类型及其生长状况的重要依据。荒漠草原区和典型草原区的短花针茅群落、长芒草群落、大针茅群落、狼针草群落、羊草群落是荒漠草原、暖温型典型草原、中温型典型草原和草甸草原的地带性植被，都是当地稳定的顶极群落。森林草原区白羊草群落是黄土高原森林草原区的一种典型地带性植被，白莲蒿和白叶蒿群落是主要的建群植物，禁牧20多年仍然没有被替代，而在典型草原区则被丛生禾草针茅群落所替代，所以蒿类草原在森林草原区也是一种稳定的植被群落。

天然"岛状"植被土壤特性和土壤水分条件，是判断天然植被恢复对生态环境影响的主要依据。通过分析，我们发现天然"岛状"植被的土壤理化性质优于放牧荒坡和农地，甚至优于人工林草植被，土壤水分状况优于人工林草植被，没有造成土壤水分生态条件的严重恶化。说明天然植被在恢复过程中，对自然环境有改善作用，天然植被的恢复是一个生态可持续的发展过程。所以，从天然植被土壤性质和土壤水分特性的角度来说，天然植被的自然恢复是可行的。

植被区划也是分析天然植被恢复类型的主要依据之一，也是天然植被类型空间变化边界控制的主要依据。根据前人的研究成果，北方农牧交错带植被分属于荒漠化草原区、暖温型典型草原区、中温型典型草原区和森林草原区四个区。具体界线，本书采用前人的研究成果，结合气候界线和以县（市、区、旗）为单位的行政界线，划定植被区的界线。

由甘肃省景泰县到康乐县，降水等值线明显比农牧交错带的其他地区密集（图2-2），植被类型沿此雨量梯度变化很大。北部降水量小于200mm的地区，植被类型为以红砂及其他强旱生小灌木及杂类草组成的草原荒漠，短花针茅只是伴生种。降水量在250mm左右的地区，植被呈现过渡性，正如在皋兰县水阜镇调查的，阴坡为以短花针茅建群的丛生禾草植被，其他坡向则以荒漠植被为主。降水量大于200mm的地区天然植被以短花针茅荒漠化草原为主，如会宁县、定西市北部地区。定西市往南几十千米的香泉镇，受到保护的墓地，农地中季节性放牧田埂上，天然植被都为暖温性的长芒草典型草原。《中国植被》一书中，黄土高原荒坡草原降水量为200~280mm，结合本次野外调查实际情况，将界线稍南移，定为200~300mm。这样，农牧交错带荒漠化草原区主要在黄土高原西北部年均降水量为200~300mm的盐池、同心、海原中北部、白银、靖远、皋兰、永登、景泰和定西、会宁的北部地区。由图2-2降水等值线图可知，农牧交错带内蒙古高原地区绝大部分地区降水量在300mm之上，境内荒漠化草原分布面积很小。

典型草原区北界在黄土高原西部与荒漠草原毗邻，向东北沿毛乌素沙地东南边缘、库布齐沙漠东缘，向东北经固阳、武川、商都、克什克腾旗接大兴安岭西南端，此段多年平均降水量一直在300~350mm。典型草原区与森林草原区的界线，大致沿400~450mm降水等值线，自临洮、渭源、陇西、通渭、静宁、隆德、彭阳、环县、吴起、安塞、米脂、府谷、准格尔旗，向东经大同、天镇、丰宁、宁城、建平、阜新。此线东南为森林草原带。在农牧交错区内部由于山地垂直地带作用和东南边缘靠近森林地区，零星存在一些森林植被，但面积不大。

典型草原区，由于纬度地带性的作用，典型草原区又分为暖温型草原带和中温型草原带。暖温型草原带的植被以长芒草和百里香为代表，而中温型草原带以大针茅、西北针茅为代表。二者的地理分界线，大致以年均温 5~6℃ 为界，在呼和浩特、张家口、赤峰以北为中温性草原区，以南为暖温型草原区。暖温型草原区中右玉、五寨一线有一狭长低温区，原因主要是五寨等县处于吕梁山脉，海拔较高。

根据以上三条界线，将农牧交错带划分为荒漠草原带、典型草原带和森林草原带三个植被带，典型草原带又分中温型草原带和暖温型草原带。表9-1为各植被区主要气候指标。

表9-1 农牧交错带各植被区气候特点

气候指标	荒漠草原区	典型草原区		森林草原区
		暖温型草原区	中温型草原区	
年均气温/℃	8.1	6.3	4.7	8.0
1月均温/℃	−7.2	−8.1	−13.3	−8.0
7月均温/℃	21.7	19.6	22.3	22.1
年均降水量/mm	281.4	405.3	392.6	508.6
6~9月降水量/mm	199.0	292.4	311.8	360.2
土壤类型	棕钙土	轻黑垆土	黑钙土、栗钙土	黑垆土

9.2 植被恢复潜力

9.2.1 荒漠化草原区植被恢复潜力

北方农牧交错带荒漠化草原区只分布在黄土高原西北部黄河两岸，主要包括永登、景泰、皋兰、白银、靖远、海原、同心、盐池等几县，会宁北部地区也属于荒漠化草原区。北方农牧交错带荒漠化草原区共有土地面积 4.43987 万 km² (不包括会宁北部地区)，占农牧交错带总面积的 6.1%。降水量由北向南变化于 150~300mm。1961~2000 年区内平均降水量为 281.4mm，其中 6~9 月降水量为 199.0mm。年均温大部分地区在 8℃ 左右，1 月均温为 −7.2℃，7 月均温为 21.7℃。地形以黄土丘陵和中低山地为主，间有狭窄盆地，丘陵沟壑纵横，起伏很大，海拔多在 1100~2000m，土壤类型主要为灰钙土。地带性植被以短花针茅为主，伴生有毛刺锦鸡儿 (*Caragana tibetica*)、甘蒙锦鸡儿 (*Caragana opulens*)、狭叶锦鸡儿 (*Caragana stenophylla*)、红砂 (*Reaumuria soongarica*)、二色补血草、牛枝子、冷蒿、兴安胡枝子等。在干旱而盐渍化的环境，分布有珍珠（*Salsola passerina*）、猫头刺等，并混合有大量多年生禾草和杂类草。荒漠化草原地区北部一些地区，降水量在200mm以下，植被以红砂等灌木荒漠草原为主，没有灌溉就没有农业，实际上已经超出农牧交错带的范围。

表9-2为皋兰县、靖远县、会宁县北部天然植被调查结果合并。会宁县北部41°的西坡，植被盖度可达75%，可见荒漠化草原区在以短花针茅为建群种的区域，天然植被盖度可以达到相当高的水平。皋兰0°～42°坡植被平均植被盖度为80%，其中20°以上坡度短花针茅草原的植被高度为40～50cm，植被盖度接近100%，40°左右的坡度植被盖度可达70%。北部草原荒漠区即便是30°以下的坡上，植被盖度一般也在35%以下，平均25%。由于西坡为干旱阳坡，41°时植被盖度尚可达到75%，由此可以推断，在以短花针茅为建群种的荒漠化草原区，坡度40°左右的坡地，无论坡向，植被盖度最低可达60%~70%，生物量在200～250g/m^2。20°左右的坡度，植被盖度可在90%以上。但在以红砂为主的灌木草原，植被盖度在35%以下。

表9-2 荒漠化草原区植被调查数据

植被类型	样方编号	坡向/(°)	坡度/(°)	地貌部位	植被高度/cm	植被盖度/%	生物量/(g/m^2)
短花针茅	皋兰-1	0	26	墚坡下部	50	100	342.5
	皋兰-2	0	32	墚坡中部	40	75	257.6
	皋兰-3	0	42	墚坡中部	40	70	199.1
	会宁-1	290	41	墚坡中部	40	75	252.4
红砂	皋兰-4	220	24	墚坡中部	25	35	280.1
	皋兰-5	265	37	墚坡中部	25	15	237.5
	靖远-1	260	34	墚坡中部	30	20	374.6

9.2.2 暖温型典型草原区植被恢复潜力

暖温型草原区共有38个县，呈东北—西南向的条带状分布。总面积为14.0757万km^2，占农牧交错带总面积的19.34%。地貌大部分地区为黄土丘陵，六盘山以西主要为长墚丘陵，海拔在1400～2000m，六盘山以东地区主要为破碎的丘陵沟壑区，海拔大多为1200～1500m，赤峰以南的黄土丘陵海拔在1000m以下。1月平均气温为-12～-5℃，由西南向东北递减，7月均温为17～24℃，年平均气温在5～8℃，平均值为6.3℃。年降水量为300～450mm，平均值为

405.3mm。区内天然植被以长芒草为地带性主体植被类型，常与委陵菜、百里香、阿尔泰狗娃花、隐子草等耐旱杂类草及冷蒿、白莲蒿等蒿类半灌木、小半灌木组成各种草地，一些耐旱的灌木，如狭叶锦鸡儿、小叶锦鸡儿在草地中也经常可见，在纬度较高和海拔较高的地区，也见大针茅等中温型草原的成分。

本次主要调查会宁县、安定区、西吉县、原州区、环县、定边县和准格尔旗的气候状况，见表9-3。会宁、安定两县（区）的北部植被处于暖温型长芒草草原向短花针茅荒漠草原的过渡区。西吉县、原州区、环县和定边县天然地带性植被以温性典型草原长芒草为建群种或优势种。准格尔旗则处于黄土高原长芒草草原与内蒙古高原大针茅草原的过渡区，长芒草与大针茅群落交替出现。在黄土高原典型草原区大部分地区，持续放牧条件下的植被组成，与人为干扰较少条件下的"岛状"植被组成往往不一样。短花针茅草原区，放牧条件下的植被主要以白叶蒿、冷蒿等为优势种，在长芒草草原的西吉县、原州区主要以白叶蒿、白莲蒿、百里香、星毛委陵菜、狼毒等先锋植被或退化植被为优势种，环县、定边县和准格尔旗，除在西吉县、原州区放牧荒坡出现的植物种类外，冷蒿的成分大大增加。但只要在无人为干扰或人为干扰较少情况下，即使在季节性放牧条件下，植被群落也主要以长芒草建群。

表9-3 暖温型草原区重点调查县（区、旗）气候状况

地名	1月气温/℃	7月气温/℃	年均温/℃	年降水量/mm
会宁县	0.3	24.0	12.2	370
安定区	-7.2	21.0	6.3	425.1
西吉县	-9.1	17.8	5.3	418.9
原州区	-8.1	18.9	5.9	455.6
环县	-6.4	22.0	7.9	433.0
定边县	-7.8	22.4	7.0	315.0
准格尔旗	-12.3	22.0	7.3	393.0
暖温型草原区	-8.1	19.6	6.3	405.3

无论是短花针茅草原还是长芒草草原，在无人干扰或人为干扰较少情况下，天然植被的高度都在30~60cm，绝大多数在40cm左右，平均值为43cm。植被盖度在坡度40°~45°时，一般能够达到50%~70%，大部分在60%以上。当不同调查县（区、旗）坡度相近时，植被盖度和生物量也基本接近（图9-1）。

由于不同调查县（区、旗）植被高度、植被盖度和生物量基本接近，将暖

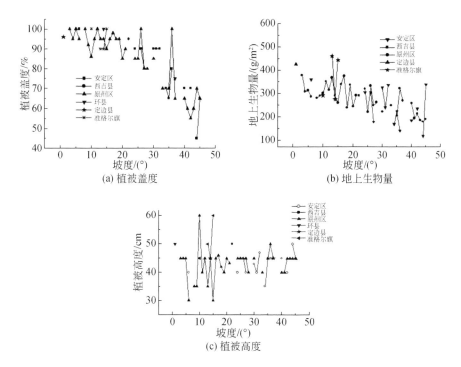

图9-1 暖温型草原区不同调查地区植被盖度、植被高度和生物量比较

温型草原区所有调查县（区、旗）的"岛状"植被调查数据合并，近似代表暖温型草原区植被的恢复潜力。

　　在忽视坡向的情况下，用各不同坡向天然"岛状"植被的平均植被高度、植被盖度和生物量估算植被的恢复潜力。所有县（区、旗）调查坡度范围在0°~45°，该坡度范围包含了暖温型典型草原区绝大部分的坡度范围，平均植被高度、植被盖度和生物量分别为43.3cm、84.4%和278.9g/m²。图9-2为暖温型典型草原所有调查县（区、旗）天然植被调查样方在忽视坡向情况下，植被盖度和生物量随坡度的变化曲线。可以看出，植被盖度随坡度的变化曲线还是有比较好的连续性。植被盖度和生物量与坡度的关系可以用下面两个公式描述：

$$C = 95.15 + 0.216S - 0.002S^2 - 0.00043S^3 \quad (n=67, R^2=0.53) \quad (9\text{-}1)$$

$$B = 389.9 - 3.9S^2 \quad (n=67, R^2=0.33) \quad (9\text{-}2)$$

式中，C 为植被盖度（%）；B 为生物量（g/m²）；S 为坡度（°）。

　　当坡度小于20°时，植被盖度稳定在90%以上；坡度在0°~20°时，平均植被盖度为94.8%，生物量在240.5~460.5g/m²，平均生物量为347.5g/m²（表9-4）。

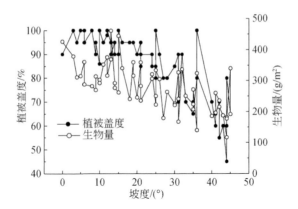

图 9-2 暖温型典型草原区植被盖度和生物量随坡度的变化曲线

表 9-4 暖温型典型草原区不同坡度范围植被盖度和生物量

坡度范围/(°)	平均坡度/(°)	植被盖度/%	生物量/(g/m²)
0 ~ 20	13.2	94.8	347.5
20 ~ 31	25.8	88.1	289.2
31 ~ 45	39.1	70.5	235.7

坡度小于 31°时，植被盖度稳定在 80% 以上，21° ~ 31°的所有调查样方植被盖度超过 80%，平均盖度为 88.1%，生物量在 180 ~ 359.2g/m²，平均生物量为 289.2g/m²。

当坡度在 31° ~ 45°时，植被盖度随坡度的变化波动增大，变化于 50% ~ 100%，生物量在 120 ~ 340g/m²，平均植被盖度为 70.5%，平均生物量为 235.7g/m²。

坡度大于 31°后，植被盖度变幅增大的原因，主要是坡度增大后，不同坡向之间植被盖度的差异增加。

不同坡向之间植被盖度的差异随坡度增大而增大的主要原因是，北坡植被盖度随坡度的增大盖度变化平缓，而南坡和西坡随坡度的增大，植被盖度减小的幅度相对较大（图 9-3）。具体来说，当坡度在 0° ~ 20°时，四个坡向上的平均植被盖度都在 90% 以上，差异较小，但植被盖度由大到小的顺序是北坡>东坡>南坡>西坡。平均生物量除西坡外，都在 300g/m² 以上，北坡超过 400g/m²。生物量由大到小的顺序是北坡>南坡>东坡>西坡（表 9-5）。

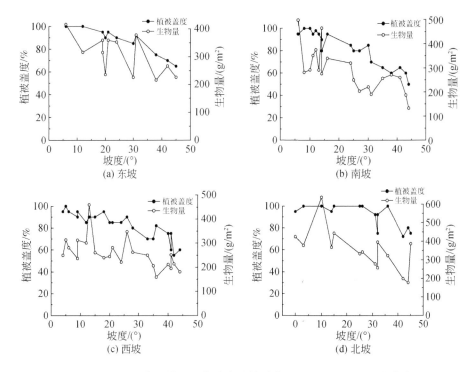

图 9-3 暖温型典型草原区各坡向植被盖度和生物量随坡度变化曲线

表 9-5 暖温型典型草原区不同坡向在不同坡度范围的植被盖度和生物量

坡度级别/(°)	坡向	平均坡度 /(°)	植被盖度 /%	生物量 /(g/m²)
0~20	东	15.2	96.0	328.5
	南	11.6	94.2	352.4
	西	10.1	92.8	295.7
	北	8.4	98.0	451.0
20~31	东	26.5	90.5	328.9
	南	26.5	82.5	248.7
	西	23.8	85.0	272.4
	北	27.3	97.3	318.2
31~45	东	41.7	70.0	236.0
	南	38.7	61.7	216.3
	西	39.0	68.4	209.3
	北	38.5	82.3	290.0

坡度在 20°~31° 的平均植被盖度，北坡和东坡还在 90% 以上，北坡的植被盖度与在 0°~20° 范围内的平均植被盖度非常接近。南坡和西坡植被盖度分别为 82.5% 和 85.0%。生物量北坡和东坡在 300g/m² 以上，南坡和西坡分别为 248.7g/m² 和 272.4g/m²。

坡度在 31°~45° 的平均植被盖度，北坡为 82.3%，东坡为 70.0%，南坡和西坡分别为 61.7% 和 68.4%。平均生物量北坡和东坡分别为 290.0g/m² 和 236.0g/m²，南坡和西坡分别为 216.3g/m² 和 209.3g/m²。

由此可见，北坡植被盖度在四个坡向中都是最高的，平均生物量在 20° 以下和 31°~45° 也最高，20°~31° 与东坡接近，这与北坡相对比较好的土壤水分条件有关。东坡在各个坡度级别内，植被盖度都高于南坡和西坡，生物量在 20° 以下坡度范围平均值与南坡接近，20° 以上大于南坡和西坡。南坡和西坡的植被盖度在各坡度级别内都比较接近，生物量在 0°~20° 坡度范围，南坡大于西坡，在 21°~31° 和 32°~45° 坡度范围内接近。

在同时考虑坡度和坡向情况下，植被盖度和生物量回归模型如下：

$$C = 97.22 + 0.63S - 0.053A - 0.0019AS - 0.018S^2 - 0.000032A^2 - 0.00015S^3$$
$$+ 0.00000075A^3 \quad (n=67, R^2=0.72) \tag{9-3}$$

$$B = 392.14 + 3.0S - 0.034A + 0.00176AS - 0.296S^2 - 0.00553A^2 + 0.00354S^3$$
$$+ 0.0000164A^3 \quad (n=65, R^2=0.37) \tag{9-4}$$

式中，C 为植被盖度（%）；B 为生物量（g/m²）；S 为坡度（°）；A 为坡向（°）（当坡向大于 300° 后，回归的坡向值取 360° 实际坡向值）。

植被盖度和生物量与坡度回归模型的决定系数明显高于只用坡度一个变量的决定系数。图 9-4 为实测植被盖度与预测植被盖度的比较。

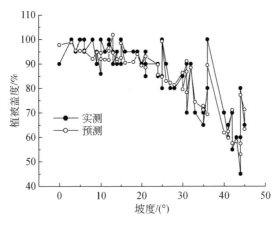

图 9-4　暖温型典型草原区植被盖度与坡度、坡向回归模型预测值与实测值比较

综上所述，暖温型典型草原区植被高度随地形变化不大，在 30 ~ 60cm，主要在 40 ~ 45cm，平均植被高度为 43.3cm。天然植被恢复的盖度和生物量随坡度和坡向的变化而不同，但受坡度的影响较大。不考虑坡向，当坡度约在 20°以下时，植被盖度一般稳定在 90%以上，生物量一般在 250g/m^2以上，平均生物量为 347.5g/m^2；坡度在 31°以下时，植被盖度在 80%以上，生物量多在 200g/m^2以上，21°~31°平均生物量为 289.2g/m^2；当坡度大于 31°后，植被盖度随坡度的变化波动增大，变化于 50%~100%，坡度在 31°~45°，平均植被盖度为 70.5%，平均生物量为 235.7g/m^2。坡度大于 30°后，不同坡向之间的植被盖度差别增大，北坡为 82.3%，东坡为 70.0%，南坡和西坡分别为 61.7%和 68.4%；平均生物量北坡和东坡分别为 290.0g/m^2和 236.0g/m^2，南坡和西坡分别为 216.3g/m^2和 209.3g/m^2。

9.2.3 中温型典型草原区植被恢复潜力

中温型典型草原区主要分布在河北坝上张北、康保、沽源、尚义 4 县和内蒙古的 38 县（市、旗），面积为 27.38 万 km²，占农牧交错带总面积的 37.72%。气温由南向北降低，1 月平均气温在 -25.2 ~ -13.0℃，1 月全区平均值为 -13.3℃，7 月平均气温在 16.7 ~ 21.4℃，全区平均值为 22.3℃。年平均气温在 -3 ~ 6℃，全区年平均气温值为 5.2℃。降水量在 280 ~ 500mm，平均值为 392.6mm。本次在中温带重点调查县（市、旗）的气候特点见表9-6。

表 9-6 中温型草原调查县（市、旗）气候基本情况

地名	年降水量/mm	1 月气温/℃	7 月气温/℃	年均温/℃
张北县	402.9	-14.6	19.0	3.7
多伦县	382.7	-17.4	18.9	2.2
太仆寺旗	407.0	-16.0	20.0	1.4
锡林浩特市	281.9	-19.1	21.1	2.3
巴林左旗	381.6	-13.6	22.4	5.2
科尔沁左翼后旗	452.1	-13.0	22.0	5.8
乌兰浩特市	416.7	-17.0	22.0	4.1
阿尔山市	445.4	-25.2	16.7	-2.8
全区平均值	396.3	-13.3	22.3	5.2

本区东部地区地势开阔，由西向东倾斜，东部的彰武、长岭等地海拔在 200m 左右，向西至大兴安岭山前丘陵海拔升至 500 ~ 600m，到河北坝上和多伦

山地丘陵地区，海拔升至 800~1600m。本区地貌主要由大兴安岭东南低山丘陵、山前丘陵平原，西辽河平原，南部的察哈尔低山丘陵及河北坝上高原组成，土壤由东部的黑钙土过渡到西部的暗栗钙土、栗钙土。在西辽河平原分布着面积较大的科尔沁沙地。本区天然植被主要由大针茅草原、狼针草草原和羊草草原组成。其中，大针茅草原是中温型草原中最典型的地带性植被，在保护好的大针茅群落中，常伴生有蓬子菜（Galium verum）、斜茎黄耆（Astragalus laxmannii）、红柴胡（Bupleurum scorzonerifolium）、腺毛委陵菜（Potentilla longifolia）、棉团铁线莲（Clematis hexapetala）、展枝唐松草（Thalictrum squarrosum）、麻花头（Klasea centauroides）、裂叶蒿（Artemisia tanacetifolia）等，在人为干扰大的地段，冷蒿和多叶蕨麻的成分较多。在地形为波状起伏的高平原上略低湿的平坦地、缓丘中下部及开阔的丘间谷地、浅盆地，并且略有地表径流水补给，其生境相对较为湿润的地方，分布着以羊草（Leymus chinensis）为优势种的草原，常见的伴生种有糙隐子草、冰草、硬质早熟禾等丛生禾草，其次还有知母、多叶棘豆、羊胡子草、柴胡、胡枝子、碱韭等。在农地弃耕后，自然植被可演化为较为稳定的羊草草原。在中温型草原的东部大兴安岭山前丘陵平原及科尔沁草地上，分布狼针草草原和羊草草原两种草甸草原。狼针草草原常见的伴生种有大披针薹草（Carex lanceolata）、线叶菊、羊茅、多叶隐子草、斜茎黄耆、尖叶铁扫帚、中华隐子草、柴胡、地榆、蓬子菜、委陵菜、展技唐松草、棉团铁线莲、知母（Anemarrhena asphodeloides）、裂叶蒿、防风（Saposhnikovia divaricata）、洽草等。羊草草原中常见的伴生植物有狼针草、线叶菊、拂子茅、野古草、裂叶蒿、多叶隐子草、山野豌豆、五脉山滚豆、蓬子菜、冰草、冷蒿、北柴胡（Bupleurum chinense）等。

以张北县、多伦县、太仆寺旗、锡林浩特市、巴林左旗、乌兰浩特市和阿尔山市土壤厚度大于等于20cm的植被调查数据为当前气候条件下植被恢复的最低限度。

当本区土壤厚度小于20cm时，植被在较短时间内难以恢复到有效控制水土流失的盖度。土壤厚度小于10cm时，植被盖度很难超过30%；土层厚度小于20cm时，植被盖度大多在40%以下；当土壤厚度等于或大于20cm时，天然植被可以自然恢复到80%以上。表6-3为各调查县市、旗土壤厚度大于20cm样方平均植被高度、盖度和生物量。多伦和巴林左旗植被禁牧的年限较短，植被盖度一般低于90%，生物量低于300g/m²；阿尔山植被禁牧的年限较短，且时有放牧现象，植被盖度也低于90%，生物量也低于300g/m²。尽管保护年限较短，但与周围未受保护地的植被相比，差别很大，将其作为植被恢复的最低限度，是可以参考的。这样，中温型草原区大针茅草原，植被高度可以最低恢复到40cm以上，植被盖度可以恢复到80%~95%，生物量可以恢复到282.5~387.7g/m²。其中，羊草草原可恢复到 42cm，植被盖度可达 95%，生物量可达 283.9g/m²。狼针草草原区植被高度可以恢复到 55cm 以上，盖度可达 80%~95%，生物量可达 263.7~369.2g/m²，三种植被类型的盖度和生物量接近。

9.2.4　森林草原区植被恢复潜力

森林草原区包括了 116 个县（市、区、旗），总面积为 26.69 万 km²，占北方农牧交错带总面积的 36.77%。其中包括了森林草原区南部及东南部的一些落叶阔叶林地区和土石质山地的森林植被区，主要包括青海东部湟水河谷两侧的山地，甘肃秦岭山脉的西延部分，六盘山及其以东降水量大于 500mm 的高原沟壑区，陕北南部子午岭、黄龙山，山西吕梁山脉及其以东地区，冀北山地及其以东的部分地区。这些地区的土地只要不是耕地，在人为干扰较少情况下，大部分为森林植被所覆盖，如本次实地考察的康乐县、泾川县、富县和岚县，其植被盖度都在 90% 以上。所以本节不再讨论这些森林植被的植被恢复潜力，重点讨论黄土丘陵沟壑区天然植被自然恢复潜力。黄土丘陵沟壑区天然植被遭到严重破坏，水土流失极为严重。本节以安塞区、吴起县、绥德县、准格尔旗天然植被调查的资料来分析该区天然植被恢复的潜力。本来已将准格尔旗归于暖温型典型草原区，但由于准格尔旗在植被分布上的过渡性，应用其森林草原植被的成分白叶蒿、白莲蒿群落的生长参数，参与分析森林草原区自然植被最低恢复能力是可行的。

安塞区、吴起县、绥德县、准格尔旗四县（区、旗）的年均降水量在 393~525.3mm，涵盖了绝大部分森林草原区的降水量范围。本节将逐次分析三种情况下天然植被恢复的能力：一是不考虑坡度和坡向情况下，天然植被恢复的平均状态；二是只考虑坡度，不考虑坡向情况下，天然植被在不同坡度范围内的恢复能力；三是考虑坡度坡向的情况下，天然植被在不同坡向、不同坡度范围内的恢复能力。

首先，分析在不考虑坡度和坡向情况下，天然植被恢复的能力。表 9-7 为安塞、绥德、吴起、准格尔旗四县（区、旗）天然植被调查坡度范围内的平均植被高度、植被盖度和生物量。安塞区所测天然植被的坡度范围为 22°~52°，绥德县为 9°~44°，吴起县为 8°~51°，准格尔旗为 6°~44°，这些坡度范围基本代表了研究区除河谷平地外的绝大部分地貌部位的坡度范围。四县（区、旗）平均植被高度在 62.0~84.2cm，平均值为 74.1cm。四县（区、旗）各自坡度范围内的平均植被盖度比较接近，在 80.7%~89.5%，平均值为 85.1%。生物量在 441.8~626.4g/m²，平均值为 591.3g/m²。准格尔旗的降水量在四县（区、旗）之中最低，但其植被盖度和生物量并没有明显低于安塞区和绥德县。吴起县植被高度和生物量略低于安塞区、绥德县和准格尔旗，可能与吴起县植被禁牧时间短有关，但对水土保持最重要的植被盖度却并不低。

表9-7　安塞区、绥德县、吴起县、准格尔旗调查样点植被高度、植被盖度和生物量

地区	坡度范围 /(°)	植被坡度 /(°)	植被高度 /cm	植被盖度 /%	生物量 /(g/m²)
安塞区	22～52	39.2	83.3	80.7	626.4
绥德县	9～44	33.5	84.2	85.1	679.9
吴起县	8～51	36.9	62.0	89.5	441.8
准格尔旗	6～44	27.0	66.7	85.0	616.9
平均值	8～52	34.2	74.7	85.1	591.3

由此可以推断，在广大森林草原区的绝大部分地区，天然植被在当前气候条件下，植被高度可以恢复到62～84.2cm，盖度可以恢复到80.7%～89.5%，生物量可以恢复到441.8～679.9g/m²。

其次，分析在考虑坡度但不考虑坡向情况下，天然植被的恢复能力。图9-5～图9-7为安塞、绥德、吴起、准格尔旗四县（区、旗）植被盖度、生物量、植被高度随坡度变化的散点图［各县（区、旗）相同坡度取平均值］。由图可以看出，四县（区、旗）在相同坡度条件下的植被盖度很接近。但植被生物量和植被高度吴起明显低于其他县（区、旗），原因已经介绍过。这里将四县（区、旗）植被调查数据合在一起分析不同坡度条件下天然植被可以恢复的最低植被盖度和生物量。

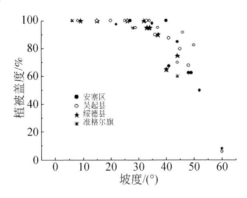

图9-5　安塞区、绥德县、吴起县、准格尔旗植被盖度比较

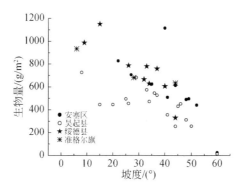

图9-6 安塞区、绥德县、吴起县、准格尔旗植被生物量比较

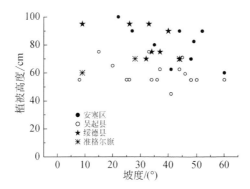

图9-7 安塞区、绥德县、吴起县、准格尔旗植被高度比较

在不考虑坡向的情况下，植被盖度和坡度的关系可以用下面回归模型表示：

$$C=110.135-1.5792S+0.04796S^2-0.00126S^3 \quad (n=56, R^2=0.49) \quad (9\text{-}5)$$

式中，C 为植被盖度（%）；S 为坡度（°）。模型预测效果见图9-8。

按不同坡度范围统计，各坡度级别内的植被盖度、生物量和植被高度见表9-8。0°~35°坡度范围内，植被盖度都大于90%，平均为98.6%，平均生物量为669.6g/m²，平均植被高度为79.3cm；35°~40°坡度范围，植被盖度变化于60%~100%，平均值为83.1%，平均生物量为661.4g/m²，平均植被高度为79.4cm，植被高度与0°~35°坡度范围内的植被高度几乎一样；40°~52°坡度范围内，植被盖度变化于45%~95%，平均植被盖度为74.8%，平均生物量为425.9g/m²，植被高度为66.3cm。坡度超过50°后，植被盖度、生物量和高度迅速降低，到60°时，植被盖度不到10%，生物量不到20g/m²，高度只有50cm左右。黄土高原森林草原区坡度大于50°时，植被盖度很低，这可能与当地降水量

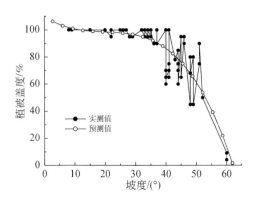

图9-8 植被盖度和坡度回归模型预测值与实测值比较

较低有关。在降水量约为1100mm的宜昌至三峡大坝的石质公路边坡上，公路建成10余年后，坡度70°~80°的石质公路边坡上草地的植被盖度在80%以上。

表9-8 不同坡度范围植被生长状况的比较

坡度/(°)	植被盖度/%	生物量/(g/m²)	平均草高/cm
0~35	98.6	669.6	79.3
35~40	83.1	661.4	79.4
40~52	74.8	425.9	66.3
60	6.0	18.2	57.0

最后，将坡度和坡向同时考虑的情况下，植被盖度和坡度、坡向的回归模型如下：

$$C=a_0+a_1A+a_2S+a_3AS+a_4A^2+a_5S^2+a_6A^3+a_7S^3 \quad (n=56,R^2=0.76) \quad (9-6)$$

式中，C为植被盖度（%）；S为坡度（°）；A为坡向（°）（当坡向大于300°后，回归的坡向值取360°实际坡向值）。模型参数见表9-9。

表9-9 植被盖度与坡度、坡向回归模型参数表

a_0	a_1	a_2	a_3	a_4	a_5	a_6	a_7
136.3313	-0.1029	-2.4798	0.0014	-0.0005	0.0891	2.332×10^{-6}	-0.0014

将坡向考虑在内建立植被盖度与坡度、坡向的回归模型，回归模拟效果更好（图9-9），决定系数高于只考虑坡度时的决定系数。由式（9-6）和表9-9可以看出，坡向对植被盖度的回归系数a_1、a_4、a_6远远小于坡度对植被盖度的回归系数

a_2、a_5 和 a_7，进一步说明植被盖度主要受坡度的影响。

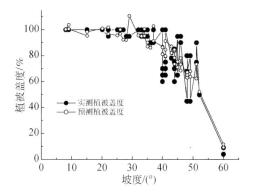

图9-9　植被盖度与坡度、坡向回归模型预测植被盖度与实测植被盖度的比较

图9-10为森林草原区各不同坡向植被盖度随坡度的变化曲线。可以看出，在各个坡向上，当坡度小于35°时，植被盖度都大于90%，生物量和草高也基本接近（表9-10）；当坡度大于35°时，偏北坡盖度变化比较平缓，植被盖度高于

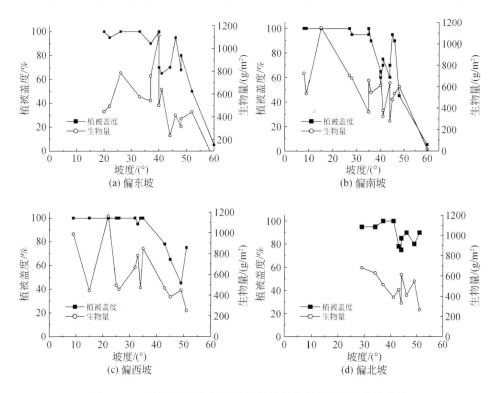

图9-10　森林草原区各坡向植被盖度和生物量随坡度变化曲线

其他坡向。在 35°~50°坡度范围内，偏东坡、偏南坡、偏西坡、偏北坡向上的平均植被盖度分别为 77.8%、72.0%、65.8%、85.4%。35°~50°四个坡向上生物量在 386.8~533.9g/m², 不同坡向之间没有规律可循，植被高度在 63.0~71.5cm, 偏东坡和偏南坡稍高一些（表 9-10）。60°的偏东坡和偏南坡地上，植被盖度分别只有 7.0% 和 5.0%, 生物量分别为 19.6g/m² 和 16.7g/m²。

表 9-10　黄土高原森林草原区不同坡向在不同坡度范围的植被盖度、生物量和草高

坡度级别 /(°)	坡向	平均坡度 /(°)	平均植被盖度 /%	平均生物量 /(g/m²)	平均草高 /cm
0~35	偏东	25.3	98.8	574.2	83.8
	偏南	22.4	98.6	688.2	75.7
	偏西	25.7	99.4	701.0	77.2
	偏北	33.3	96.7	607.7	83.3
35~50	偏东	43.3	77.8	533.9	71.5
	偏南	42.5	72.0	509.1	70.3
	偏西	47.0	65.8	386.8	63.0
	偏北	45.4	85.4	431.5	70.0
60	偏东	60.0	7.0	19.6	60.0
	偏南	60.0	5.0	16.7	55.0

9.2.5　不同植被区植被恢复潜力比较

荒漠化草原区、暖温型典型草原区、中温型典型草原区和森林草原区由于各自的地质地貌和所处的气候条件的不同，天然植被恢复的植被高度、盖度和生物量有一定差别。四个植被区平均植被高度、盖度和生物量见表 9-11。可以看出，植被高度和生物量由高到低的顺序是森林草原区>中温型典型草原区>暖温型典型草原区>荒漠化草原区，植被盖度中温型典型草原区最高，暖温型典型草原区和森林草原区接近，荒漠化草原区最低，但都在 80% 以上。中温型典型草原区平均植被盖度最高的原因是，该区坡度很少大于 20°, 植被盖度不受坡度的影响，而且没有考虑土壤厚度小于 20cm 的情况。暖温型典型草原区和森林草原区平均植被盖度略小于中温型典型草原区植被盖度的主要原因是考虑了坡度的影响，如果只考虑 20° 以下的植被盖度，该两区植被盖度都在 90% 以上。

表 9-11　不同植被区平均植被高度、植被盖度和生物量比较

植被区	平均植被高度 /cm	平均植被盖度 /%	平均生物量 / (g/m²)
荒漠化草原区	42.5	80.0	262.9
暖温型典型草原区	43.3	84.4	278.9
中温型典型草原区	53.4	89.8	310.2
森林草原区	73.5	85.7	560.1

注：荒漠化草原区坡度范围为 26°～42°，未包括红砂灌木草原植被样方；暖温型典型草原区坡度范围为 0°～45°；森林草原区坡度范围为 8°～52°；中温型典型草原区植被未包括土层厚度小于 20cm 的植被样方。

　　森林草原区，植被盖度稳定大于 90% 时的最高坡度为 35°，而在暖温型典型草原区，植被盖度稳定大于 90% 的最高坡度约在 20° 以下。所以当坡度大于 20° 后，在相同的坡度条件下，森林草原区的植被盖度最高。森林草原区平均生物量分别是荒漠化草原区、暖温型典型草原区和中温型典型草原区的 2.13 倍、2.01 倍和 1.81 倍，高度分别是该三区的 1.73 倍、1.70 倍和 1.38 倍。

　　对同一种植被群落类型来说，在相同的植被区，植被高度和盖度接近，但在不同的植被区，生长状况有所不同。一般是水热条件好的地区，植被高度和生物量较高，如在森林草原区的康乐和安塞两县（区），康乐 33° 西坡上长芒草群落的植被高度为 90cm，植被盖度和生物量分别为 95% 和 296.9g/m²，安塞 22° 东坡上长芒草群落的植被高度为 100cm，植被盖度和生物量分别为 95% 和 491.8g/m²，而真正典型长芒草分布区长芒草群落的植被高度最高为 60cm，平均值约 43cm，西坡大于 30° 的坡度上植被盖度都低于 90%，生物量都在 400g/m² 以下。再如，处于森林草原与落叶阔叶林过渡区的泾川，28° 西坡白莲蒿+白叶蒿群落的高度为 120cm，盖度为 100%，生物量达 1262.1g/m²，而在真正森林草原区的白莲蒿+白叶蒿群落的植被高度很少超过 100cm，生物量大多在 1000g/m² 以下；处于暖温型草原区准格尔旗的大针茅群落的植被高度在 70cm 以上，生物量都大于 450g/m²，高的可达 637.9g/m²，但在真正中温型典型大针茅草原区，大针茅群落的高度一般在 70cm 以下，生物量在 400g/m² 以下。虽然水热条件低一级的地带性群落类型可以侵入到水热条件高一级的植被区，而且生长得更好，但由于群落竞争和演替的关系，它不能成为水热条件高一级植被区的地带性植被。

9.2.6　黄土高原典型小流域植被恢复潜力

　　由于在黄土高原地区，植被生长与坡向、坡度有关，尤其与坡度关系密切，所以本节利用"七五"期间黄土高原综合治理试验示范 8 个小流域地面坡度组成

资料（中国科学院和水利部西北水土保持研究所，1991），再加上绥德韭园沟（现名州镇）（绥德水土保持科学试验站，1983）共9个小流域，将实际坡度用于实践，探讨黄土高原地区植被恢复潜力。这9个小流域所在的县（区、旗）分别为安定、西吉、原州、安塞、米脂、绥德、离石、河曲、准格尔旗。其中安定、西吉、原州、准格尔旗代表暖温型典型草原区，米脂、安塞、绥德、离石、河曲代表森林草原区。9个小流域的面积和坡度比例见表9-12。

表9-12　黄土高原典型小流域面积和坡度比例

地区	流域名称	流域面积 /km²	坡度比例/%			
			<15°	15°~25°	25°~35°	>35°
安定区	高泉沟	9.11	63.3	4.9	6.9	21.4
西吉县	黄家二岔	5.70	53.6	27.8	15.1	3.5
原州区	小川河支流	1.26	34.1	17.2	23.4	24.9
准格尔旗	皇甫川支流	7.70	71.3	9.2	3.3	16.2
安塞区	纸坊沟	8.27	11.6	20.8	28.3	31.2
米脂县	泉家沟	5.19	25.8	22.9	16.6	34.7
离石区	王家沟	9.10	36.8	8.2	16.1	38.9
河曲县	砖窑沟	29.11	70.2	12.4	11.9	5.5
绥德市县	韭园沟	70.10	4.3	33.5	35.8	26.4

具体方法是以小流域内各坡度级别土地面积占小流域总土地面积的比例为权重，通过加权平均求得各县（区、旗）平均植被高度、植被盖度和生物量。公式如下：

$$C_i = \sum S_{ij} \times C_{ij} \qquad (9\text{-}7)$$

$$B_i = \sum S_{ij} \times B_{ij} \qquad (9\text{-}8)$$

$$H_i = \sum S_{ij} \times H_{ij} \qquad (9\text{-}9)$$

式中，C_i、B_i、H_i分别为i小流域计算所得平均植被盖度、生物量、植被高度；S_{ij}为i小流域j坡度级别范围的面积比例；C_{ij}、B_{ij}、H_{ij}为i小流域j坡度范围的平均植被盖度、生物量和植被高度。按表9-12坡度分级标准分别统计暖温型典型草原区和森林草原区在各坡度范围内的平均植被盖度、生物量和植被高度（表9-13）。经加权平均求得的各小流域植被盖度、生物量和植被高度见表9-14。

由表9-14可知，暖温型典型草原区小流域植被盖度、生物量和高度均低于森林草原区，典型草原区小流域植被盖度在83.3%~90.3%，生物量在274.8~307.5g/m²，植被高度多在43cm左右。森林草原区小流域植被恢复盖度在84.0%~

98.4%，生物量在 553.9～721.2g/m²，植被高度在 70.7～78.4cm。

表 9-13　黄土丘陵不同坡度级别天然植被盖度、生物量和植被高度

坡度级别 /(°)	植被盖度/%		生物量/(g/m²)		植被高度/cm	
	典型草原区	森林草原区	典型草原区	森林草原区	典型草原区	森林草原区
0～15	94.9	100.0	334.0	768.3	43.4	79.0
15～25	90.4	99.2	293.0	639.0	43.2	78.3
25～35	79.2	98.1	247.4	638.3	41.9	79.2
>35	67.8	76.8	211.5	484.7	44.6	70.0

表 9-14　黄土丘陵典型小流域植被恢复潜力

地区	小流域名称	植被恢复潜力		
		植被盖度/%	生物量/(g/m²)	植被高度/cm
安定区	高泉沟	84.5	288.1	42.0
西吉县	黄家二岔	90.3	305.2	43.2
原州区	小川河支流	83.3	274.8	43.1
准格尔旗	皇甫川支流	89.6	307.5	43.5
安塞区	纸坊沟	84.0	553.9	70.7
米脂县	泉家沟	91.5	618.7	75.7
离石区	王家沟	90.6	626.4	75.5
河曲县	砖窑沟	98.4	721.2	78.4
绥德县	韭园沟	92.9	603.6	76.5

　　表 9-14 中的小流域是"七五"期间精心挑选的典型小流域，地面坡度组成具有典型性。由此可以推断，在考虑地面实际坡度的情况下，黄土高原暖温型典型草原区植被自然恢复的高度在 43cm 左右，自然恢复的植被盖度和生物量分别在 83.3%～90.3% 和 274.8～307.5g/m²，平均值分别为 86.9% 和 293.9g/m²。森林草原区植被自然恢复的高度在 70～79cm，自然恢复的植被盖度和生物量分别在 84.0%～98.4% 和 553.9～721.2g/m²，平均分别为 91.5% 和 624.7g/m²。

9.3　小　　结

　　在对无人干扰或人为干扰较少条件下天然"岛状"植被调查资料的基础上，将天然"岛状"植被的信息扩展，分析了北方农牧交错带在现状气候条件下，天然植被自然恢复的潜力。在同一植被区，植被群落的生长状况基本一致。农牧

交错带西北部以短花针茅为建群种的荒漠化草原区，天然植被可以恢复到高度 40cm 左右、盖度 70% 以上、生物量 200g/m² 左右的水平，坡度约 20° 的坡地，植被盖度可以达到 90% 以上，生物量可达 300g/m²。

内蒙古高原及河北坝上北部地区的中温型典型草原区，只要土壤厚度大于 20cm 时，中温型草原区大针茅草原，植被高度可以最低恢复到 40cm 以上，植被盖度可以恢复到 80%~95%，生物量可以恢复到 282.5 ~ 387.7g/m²。羊草草原可恢复到 42cm，盖度可达 95%，生物量可达 283.9g/m²。狼针草草原植被高度可以恢复到 55cm 以上，植被盖度可达 80%~95%，生物量可达 236.7 ~ 369.2g/m²。

暖温型典型草原区和森林草原区植被恢复潜力与坡度、坡向有关，但受坡度的影响较大。植被高度受坡度和坡向影响较少，一般暖温型典型草原区植被高度可恢复到 40 ~ 45cm，森林草原区当坡度小于 50° 时，可恢复到 66 ~ 80cm，坡度大于 60° 后，植被高度在 60cm 以下。暖温型典型草原区当坡度在 20° 以下时，植被盖度可恢复到 90% 以上，0° ~ 20° 平均生物量可恢复到 347.5g/m²，而森林草原区坡度小于 35° 时，植被盖度可恢复到 90% 以上，0° ~ 35° 平均生物量可恢复到 669.6g/m²。两区当坡度分别大于 20° 和 35° 后，植被盖度和生物量随坡度的增大而减小的速度增大，但北坡变化还是比较平缓，暖温型草原区北坡坡度在 30° 时，植被盖度还在 90% 以上，坡度 45° 时，植被盖度还接近 80%，其他坡向，东坡植被盖度也略高于南坡和西坡，坡度在 20° ~ 31° 时，东坡平均植被盖度接近 90%，西坡和南坡在 80%~85%，坡度在 31° ~ 45° 时，东坡平均植被盖度为 70%，西坡和南坡在 60%~69%；森林草原区当坡度在 35° ~ 50° 时，偏北坡植被盖度还在 70% 以上，平均 85% 左右，偏东坡在 50% 以上，平均可达 77.8%，偏西坡、偏南坡在 45% 以上，平均分别可达 65.8%、72.0%。但当坡度大于 60° 后，植被盖度很难恢复，恢复不到 10%，生物量不到 20g/m²。

在只考虑坡度的情况下，黄土高原暖温型典型草原区的植被盖度和生物量可分别恢复到 83.3% ~ 90.3% 和 274.8 ~ 307.5g/m²，森林草原区植被盖度和生物量可分别恢复到 84.0%~98.4% 和 553.9 ~ 721.2g/m²。

不同植被区天然植被恢复潜力，坡度大于 20° 后，森林草原区的植被盖度均高于其他植被区，森林草原区的生物量高于其他植被区。森林草原区平均生物量分别是荒漠化草原区、暖温型典型草原区和中温型典型草原区的 2.13 倍、2.01 倍和 1.81 倍，高度分别是该三区的 1.73 倍、1.70 倍和 1.38 倍。

参 考 文 献

陈廉杰.1991.乌江中下游低效林水土保持效益分析.水土保持通报,11(6):17-22.

陈永宗,景可,菜强国.1988.黄土高原现代侵蚀与治理.北京:科学出版社.

陈云浩,李晓兵,史培军.2001.1983—1992年中国陆地NDVI变化的气候因子驱动分析.植
物生态学报,25(6):716-720.

程积民.1998.黄土区植被的演替.土壤侵蚀与水土保持学报,5(5):58-61.

方精云.1991.我国森林植被的生态气候学分析.生态学报,11(4):377-387.

方精云.1994.东亚地区植被气候类型在温度、降水量坐标中的表达.生态学报,14(3):
290-294.

侯庆春,韩蕊莲,李宏平.2000a.关于黄土丘陵典型地区植被建设中有关问题的研究Ⅰ:土壤
水分状况及植被建设区划.水土保持研究,7(2):102-110.

侯庆春,韩蕊莲,李宏平.2000b.关于黄土丘陵典型地区植被建设中有关问题的研究Ⅲ:乡土
树种在造林中的意义.水土保持研究,7(2):119-123.

侯喜禄,梁一民,曹清玉.1991.人工林草植被蓄水减沙效益的研究.中国科学院水利部西北
水土保持研究所集刊,13:105-112.

侯喜禄,杜呈祥.1985.不同植被类型小区径流泥沙观测分析.水土保持通报,5(6):35-37.

侯喜禄,白岗栓.1995.刺槐、柠条锦鸡儿、沙棘林土壤入渗及抗冲性对比试验.水土保持学
报,9(3):90-95.

侯喜禄,樑一民,曹清玉.1991.黄土丘陵沟壑区主要水保林类型及草地水保效益的研究.中
国科学院西北水土保持研究所集刊,(14):96-103.

黄秉维.1953.陕甘黄土区域土壤侵蚀的因素和方式.地理学报,19(2):163-186.

黄秉维.1958.编制黄河中游流域土壤侵蚀分区图的经验教训.科学通报,(12):15-21,14.

贾绍凤.1995.根据植被计算黄土高原的自然侵蚀和加速侵蚀——以安塞县为例.水土保持通
报,15(4):25-32.

江忠善,王志强,刘志.1996.黄土丘陵区小流域土壤侵蚀空间变化定量研究.土壤侵蚀与水
土保持研究,2(1):1-9.

姜达权.1980.黄河现代地质作用的一些基本特征和开发治理黄河的途径.中国第四纪研究,5
(1):35-47.

姜恕,戚秋慧,孔德珍.1985.羊草草原群落和大针茅草原群落生物量的初步比较研究//中国
科学院内蒙古草原生态系统定位站.中国北方草地畜牧业动态检测研究(第三集).北京:
中国农业科技出版社.

蒋定生，江忠善，侯喜禄．1992. 黄土高原丘陵区水土流失规律与水土保持措施优化配置研究．
　　水土保持学报，6（3）：14-17.

李本纲，陶澍．2000. AVHRR NDVI 与气候因子的相关分析．生态学报，20（5）：898-902.

李博，雍世鹏，李瑶，等．1990. 中国草原．北京：科学出版社．

李代琼，刘向东，吴钦考，等．1991. 宁南五种灌木林蒸腾和水分利用率试验研究．中国科学
　　院水利部西北水土保持研究所集刊（14）：27-38.

李开元．李玉山．1995. 黄土高原农田水量平衡研究．水土保持学报，9（2）：39-44.

李胜功，赵爱芬，常学礼，等．1997. 科尔沁沙地植被演替的几个问题．中国沙漠（17）
　　（S1）：25-32.

李胜功．1991. 樟子松适宜气候生态区的模糊聚类分析．中国沙漠，11（3）：61-66.

李勇．1990. 沙棘林根系强化土壤抗冲性的研究．水土保持学报，2（3）：15-20.

李玉山．1983. 黄土区土壤水分循环特征及其对陆地水分循环的影响．生态学报，3（2）：
　　91-101.

李玉山，韩仕峰，汪正华．1985. 黄土高原土壤水分性质及其分区．中国科学院西北水土保持
　　研究所集刊（2）：1-17.

梁一民，陈云明．2004. 论黄土高原造林的适地适树与适地适林．水土保持通报，24（3）：
　　69-72.

刘宝元，唐克丽，查轩．1990. 坡耕地不同地表覆盖的水土流失试验研究．水土保持学报，4
　　（1）：25-29.

刘宝元，谢云，张科利．2001. 土壤侵蚀预报模型．北京：中国科学技术出版社．

刘东生．1964. 黄河中游黄土．北京：科学出版社．

刘国彬．1998. 黄土高原草地土壤抗冲性及其机理研究．土壤侵蚀与水土保持学报，4（1）：
　　94-97.

刘向东，吴庆孝，赵鸿雁．1991. 黄土丘陵区人工油松林和山杨林林冠截留作用的研究．水土
　　保持通报，11（2）：4-7.

罗伟祥，白立强，宋西德．1990. 不同覆盖度林地和草地的径流量和冲刷量．水土保持学报，4
　　（1）：30-35.

牛建明，李博．1992. 鄂尔多斯高原植被与生态因子的多元分析．生态学报，12（2）：
　　105-112.

牛建明，吕桂芬．1998. GIS 支持的内蒙古植被地带与气候关系的定量研究．内蒙古大学学报
　　（自然科学版），29（3）：419-422.

牛文元．1989. 生态环境脆弱带 Ectone 的基础判定．生态学报，9（2）：97-105.

宋睿，朱启疆．2000. 中国陆地植被第一性生产力及季节变化研究．地理学报，55（1）：
　　36-45.

绥德水土保持科学试验站．1983. 黄河中游水土保持径流泥沙试验资料汇编（1954—1979），
　　水利电力部黄河水利委员会刊印．

陶诗言．1970. 中国各地水分需要量之分析与中国气候区域之新分类．气象学报（20）：25-36.

汪有科，刘宝元，焦菊英．1992. 恢复黄土高原林草植被及盖度的前景．水土保持通报，12

（2）：55-60.

王略，屈创，赵国栋．2018. 基于中国土壤流失方程模型的区域土壤侵蚀定量评价．水土保持通报，38（1）：122-125，130.

王庆锁，董学军．1997. 油蒿群落不同演替阶段某些群落特征的研究．植物生态学报，21（6）：531-538.

王秋生．1991. 植被控制土壤侵蚀的数学模型及其应用．水土保持学报，5（4）：68-72.

王仁忠．1987. 放牧影响羊草种群生物量形成动态的研究．应用生态学报，8（5）：505-509.

王志强，刘宝元，徐春达等．2002. 连续干旱条件下黄土高原几种人工林存活能力分析．水土保持研究，16（4）：25-29.

王志强，刘宝元，王旭艳，等．2007. 黄土丘陵半干旱区人工林迹地土壤水分恢复研究．农业工程学报，23（11）：77-83.

王志强，刘宝元，张岩．2008. 不同植被类型对厚层黄土剖面水分含量的影响．地理学报，63（7）：703-713.

王志强，刘宝元，刘刚，等．2009. 黄土丘陵区人工林草植被耗水深度研究．中国科学 D 辑，39（9）：1297-1303.

吴庆孝，赵鸿雁．1998. 森林枯枝落叶层涵养水源保持水土的作用研究．土壤侵蚀与水土保持学报，4（2）：23-28.

吴彦，刘世全．1997. 植物根系提高土壤水稳性团粒含量的研究．土壤侵蚀与水土保持学报，1997，3（1）：35-49.

伍永秋，张清春，张岩，等．2002. 黄土高原小流域植被特征及其季节变化．水土保持学报，16（1）：104-107.

邢旗，刘东升．1993. 内蒙古天然草地生物量动态研究//中国科学院内蒙古草原生态系统定位站．中国北方草地畜牧业动态监测研究（第三集）．北京：中国农业科技出版社．

阳含熙，卢泽愚，杨周南．1979a. 植物群落数量分类的研究——二，信息分析和主坐标分析．自然资源，（1）：14-20.

阳含熙，卢泽愚，杨周南．1979b. 植物群落数量分类的研究——一，关联分析和主分量分析．林业科学，15（4）：244-254.

阳含熙，扬周南，卢泽愚．1980. 植物群落数量分类的研究——三，相互平均法和指示种法．自然资源，（3）：1-12.

杨勤业，袁宝印．1991. 黄土高原地区自然环境及其演变．北京：科学出版社．

杨勤业，张伯平，郑度．1988. 关于黄土高原空间范围的讨论．自然资源学报，3（3）：9-15.

杨文治，余存祖．1992. 区域治理与评价．北京：科学出版社．

杨文治，邵明安．2000. 黄土高原土壤水分研究．北京：科学出版社．

余新晓，毕华兴，朱金兆．1997. 黄土地区森林植被水土保持作用研究．植物生态学报，21（5）：433-440.

张金屯．1992. 模糊数学排序及其应用．生态学报，12（4）：325-331.

张金屯，邱扬，柴宝峰，等．2000. 吕梁山严村低中山区植物群落演替分析．植物资源与环境学报，9（2）：34-39.

张娜，梁一民．1999．黄土丘陵区两类天然草地群落地上部数量特征及其与土壤水分关系的研究．西北植物学报，19（3）：494-501.

张孝中，韩仕峰，李玉山．1990．黄土高原南部农田水量平衡分析研究．水土保持学报，10（6）：7-12.

张新时．1989a．植被的 PE（可能蒸散）指标与植被气候分类（一）几种主要方法与 PEP 程序介绍．植物生态学与地植物学学报，13（1）：1-9.

张新时．1989b．植被的 PE（可能蒸散）指标与植被气候分类（二）几种主要方法与 PEP 程序介绍．植物生态学与地植物学学报，13（3）：197-207.

张新时．1991．西藏阿里植物群落的间接梯度分析、数量分类和环境解释．植物生态学与地植物学学报，15（2）：101-113.

张新时．1993a．研究全球植被–气候变化的植被分类系统．第四纪研究（2）：157-169，193-196.

张新时．1993b．植被的 PE（可能蒸散）指标与植被气候分类（三）几种主要方法与 PEP 程序介绍．植物生态学与地植物学学报，17（2）：97-109.

张兴昌，卢宗凡．1993．农作物水土保持效益的数值化综合评价．水土保持学报，7（2）：51-56.

张岩，刘宝元，史培军，等．2001．黄土高原土壤侵蚀作物覆盖因子计算．生态学报，21（7）：1050-1056.

赵哈林．1993．科尔沁沙地两种主要群落的沙漠化演替特征．中国沙漠，13（3）：47-52.

郑粉莉．1996．子午岭林区植被破坏与恢复对土壤演变的影响．水土保持通报，16（5）：41-44.

中国地质科学院水文地质工程地质研究所．1985．中国黄土高原地貌类型图说明书．北京：地质出版社．

中国科学院，水利部西北水土保持研究所．1991．黄土高原综合治理试验示范区专题地图集．北京：测绘出版社．

中国科学院《中国自然地理》委员会．1980．中国自然地理：地貌．北京：科学出版社．

中国科学院黄河中游水土保持综合考察队．1958．黄河中游黄土高原的自然、农业、经济和水土保持土地合理利用区划．北京：科学出版社．

中国科学院黄土高原综合科学考察队．1991a．黄土高原地区土地资源．北京：中国科学技术出版社．

中国科学院黄土高原综合科学考察队．1991b．黄土高原地区植被资源及其合理利用．北京：中国科学技术出版社．

中国科学院内蒙古草原生态系统定位站．1988．放牧空间梯度上和恢复演替时间上羊草草原的群落特征及其对应性．草原生态系统研究（第1—2集）．北京：科学出版社．

中国科学院内蒙古草原生态系统定位站．1992．放牧空间梯度上和恢复演替时间上羊草草原的群落特征及其对应性．草原生态系统研究（第4集）．北京：科学出版社．

中国科学院西北水土保持研究所．1989．略述水土保持各项研究工作的进展与成效．水土保持通报，9（5）：1-28.

中国科学院植物研究所.1955.中国主要植物图说（豆科）.北京：科学出版社.

中国植被编辑委员会.1995.中国植被.北京：科学出版社.

朱显谟.1960.黄土地区植被因素对于水土流失的影响.土壤学报，8（2）：100-121.

朱志诚，岳明.2001.秦岭及其以北黄土区草地群落地带性特征.中国草地，23（3）：58-63.

朱志诚，贾东林，岳明.1997.艾蒿群落生物量初步研究.中国草地，（5）：6-13.

邹厚远.1991.陕北杏子河流域森林草原区的植被特征.西北植物学报，（5）：10.

邹厚远，程积民，周麟.1998.黄土高原草原植被的自然恢复演替及调节.水土保持研究，5
    （1）：126-138.

邹厚远.2000.陕北黄土高原植被区划及与林草建设的关系.水土保持研究，7（2）：96-101.

邹厚远，刘国彬，王晗生.2002.子武岭林区北部近50年植被的变化发展.西北植物学报，22
    （1）：1-8.

Agricultural Research Suevice, U. S. Department of Agriculture. 1965. Agriculture Handbook
    No. 282.

Agricultural Research Suevice, U. S. Department of Agriculture. 1978. Predicting raifall erosion
    losses：Agriculture handbook No. 537.

Box E O. 1983. Macro- climate and plant forms：An introduction to predictive modeling in
    phytogegraphy. Volume 1. The Hague：W. Junk Publishers.

Cook H L. 1936. The nature and controlling variables of the water ersion process. Soil Science Society
    of America Journal, 1（c）：487-493.

Holdridge L R. 1947. Determination of world plant formations from simple climatic data. Science, 105
    (2727)：367-368.

Laflen J M, Colvin T S. 1981. Effect of crop resides on soil loss from continous row cropping.
    Transaction of the. ASAE, 24：605-609.

Laflen J M. 1983. Tillage and residue effect on erosion from cropland//DeCoursey D A. Natural
    Resourses Modeling Symposium. USDA- Agricultural Research Service. Pingree Park, CO. S.
    Department of Agriculture, Agriculture Handbook No. 703.

Laflen J M, Foster G R, Onstad C A. 1985. Simulation of individual storm soil loss from the impact of
    soil erosion on crop productivity//S. A. El-Swaify W C, Moldenhauer A Lo. Soil Erosion and Con-
    servation：285-295. Soil Conservation Society of America, Ankeny. I A.

Laflen J M, Moldenhauer W C, Colvin T S. 1980. Conservation tillage and soil erosion on continuosly
    row-cropped land//Crop Production With Conservation in the 80's. American Society of Agricultural
    Engineers, St. Joseph, MI.

Renard K G, Foster G R, Weesies G A, et al. 1997. Predicting soil erosion by water：A guide to
    conservation planning with the revised univeral soil loss eqation (RUSLE).

Smith D D. 1941. Interception of soil conservation data for field use. Journal of Agricultural
    Engineering, 22：173-175.

Troll C, Paffen K H. 1964. Karteder Jahreszeiten-Klimate der Erde. ERDKUNDE, 18：5-28.

Walter H, Lieth H. 1967. Klimadiagramm-Weltatlas. Jena: Gustav Fischer Verlag.

Weltz M A, Renard K G, Simanton J R. 1987. Revised universal soil loss equation for western range-lands. General technical report RM - Rocky Mountain Forest and Range Experiment Station, U. S. Department of Agriculture, Forest Service (USA), 32 (5): 1571-1576. DOI: 10. 1016/S0021-8634 (89) 80072-1.